YUMI SHENGCHAN WENTI YU YINGDUI

玉米生产

问题与应对

杨利华　主编

中国农业出版社
农村读物出版社
北　京

图书在版编目（CIP）数据

玉米生产问题与应对 / 杨利华主编 . —北京：中国农业出版社，2021.6（2023.6重印）
ISBN 978 - 7 - 109 - 27919 - 3

Ⅰ.①玉…　Ⅱ.①杨…　Ⅲ.①玉米—栽培技术
Ⅳ.①S513

中国版本图书馆 CIP 数据核字（2021）第 022783 号

中国农业出版社出版

地址：北京市朝阳区麦子店街 18 号楼
邮编：100125
责任编辑：廖　宁　文字编辑：宫晓晨
责任校对：沙凯霖
印刷：中农印务有限公司
版次：2021 年 6 月第 1 版
印次：2023 年 6 月北京第 2 次印刷
发行：新华书店北京发行所
开本：787mm×1092mm　1/16
印张：14.75
字数：400 千字
定价：98.00 元

编 写 人 员

主　编　杨利华

副主编　张全国　刘海忠　宋　炜　王贵启

参　编　（按姓氏笔画排序）

丁民伟　马　爽　马继芳　王　平　王立伟

王亚楠　王江浩　王宝强　史明静　刘会平

刘志良　孙苏卿　杜永华　李兴华　李金英

李荣改　李贵芳　李艳辉　沈爱芳　张立娇

张动敏　赵立平　赵军华　赵锁辉　赵慧宾

胡阿丽　聂会芳　索艳青　高增玉　谢建永

潘秀芬　魏剑锋

前言

玉米在中国一年四季均可种植，分布范围基本覆盖了全部农区。由于我国气候条件、土壤条件复杂，有害生物多样，种植制度、耕作制度以及种植习惯也不尽相同，加上品种缺陷、农机落后、农资质量参差不齐和技术操作不当等原因，使得玉米生产问题层出不穷。了解生产过程中可能出现的问题与出现问题的原因，掌握预防应对之策，对玉米抗逆减灾防事故、保证高产稳产，以及明确生产事故责任等有重要意义。

全书共分六章，前四章以玉米生育进程排序，阐述了各生育阶段可能出现的问题与预防应对，第一章为出苗异常原因与对策，第二章为苗期生长异常原因与对策，第三章为穗期生长异常原因与对策，第四章为后期生长异常原因与对策。第五章介绍了气象灾害与对策。第六章介绍了玉米规模化生产问题及应对，重点就新型农业经营主体面临的高生产成本、低收入甚至亏损、承受生产风险能力低等问题，从经营管理、成本与风险控制、技术要点角度阐述了观点。书中内容丰富，既有农业技术知识层面的，也有经营管理层面的，还有农业司法鉴定与维权方面的。

本书适合从事应用技术研究的科研人员、农技推广和农资经销人员、农业保险业务员及各类高素质农民阅读。文笔通俗，图文并茂，力求实用，希望对广大读者深入了解生产、丰富实践经验有所帮助。

书中引用了一些国内外同行专家发表的图文资料，以及一些基层农技人员、农资经销商和种粮大户提供的图像资料；本书出版还得到了河北省农林科学院、河北省农林科学院粮油作物研究所、国家玉米产业技术体系石家庄综合试验站、国家玉米创新中心河北分中心、农业农村部黄淮海区玉米科学观测实验站（河北）等的资助，在此深表感谢！同时也感谢中国农业科学院植物保护研究所王振营研究员、河北省农林科学院植物保护研究所石洁研究员多年来的赐教。

由于作者水平所限，以及生产技术、科研、涉农法律法规发展迅速，书中难免有不当之处，敬请广大读者指正。

杨利华

2020 年 10 月

目录

第一章　玉米出苗异常

玉米出苗异常原因有种子质量差，种子处理不当致流动性差，种衣剂与除草剂药害，种肥间距不当致"肥烧籽"，劣质肥害，播种机技术含量低、质量差，排种器不适应种子外形特征，播种速度不一致，出苗期间土壤墒情差，灌溉水和土壤质量差等。

第一节　种子处理不当

一、拌种剂或种衣剂剂型问题

（一）原因与表现

随着农机技术进步，在我国可机械播种的地方，已基本普及了玉米单粒精播、免定苗技术。无论是采用气动力式排种器还是机械式排种器的播种机，都对种子质量、均匀度和流动性等提出了更高要求。

拌种剂或种衣剂剂型影响播种质量，是由于影响种子的流动性，使排种器充种不良，导致漏播。目前拌种剂或种衣剂剂型主要有粉剂（DP），其中又包括干拌种剂（DS）、湿拌种剂（WS）和可溶性粉剂（SS）；有无成膜剂的悬浮剂（FSC或FS）；胶悬剂（JG）等。容易出问题的主要是干拌种剂与湿拌种剂两类粉剂，某些产品拌种后使种子表面粗糙（图1-1）、流动性受到影响，播种时排种器充种不畅。山东某种业公司就因此发生过事故。

图1-1　湿拌种剂拌种后种子

另外，人工兑水拌种，拌种后未充分晾干，湿籽播种，也会因种子流动性差而影响播种质量。成膜剂有阻碍水分散失的作用。含水量偏高的种子，用含成膜剂的种衣剂包衣，摊晾不及时、不充分，有可能造成"捂籽"，降低种子发芽率。

（二）对策

企业加工或农户二次包衣种子，均不可用影响种子流动性的药剂。如今，主流种衣剂产品多为添加成膜剂的悬浮型种衣剂（FSC），不仅物理稳定性高，处理种子后药剂脱落率低，且种子表面光滑鲜亮（图1-2）。播种时，当发现种子流动性差时，应及时加大播量、更换种子或重播，避免苗后毁种。用对种子流动性有较高要求的播种机（如指夹式）播种时，种子最好用高细度滑石粉进行再处理。气力式播种机为了克服充种时种子间摩擦力，提高充种率，防止漏播，有的排种器会装有机械搅拌、气流扰动或电磁振动等促进种子流动的装置，这类机型最好。

批量加工包衣种子，种子含水量偏高时应先进行脱水处理。人工兑水拌种或包衣的种子，要充分摊晾，切勿直接播种或装袋久置。

图1-2　FSC包衣种子

二、种衣剂药害

（一）原因与症状

药剂拌种或包衣导致药害，多是过量用药所致。一是单纯用药量大，二是采用二次包衣技术。

一些种子企业为降低种子加工成本，售往春播区的包衣种子，因春播区播种时气温低，地下害虫危害不重，使用的种衣剂多仅含杀菌剂（以防丝黑穗病、疯顶病等系统性侵染病害），无杀虫剂；售往夏播区的包衣种子，因夏播区少见系统性侵染病害，种衣剂成分中多只有杀虫剂，无杀菌剂。近年来，夏玉米上根腐病、茎腐病逐年加重，除了与品种抗性普遍较差（如国内尚无抗腐霉菌的种质资源）、种植结构单一和持续秸秆还田等有关外，与一些种子无杀菌剂包衣也密不可分。此外，部分防治对象需用专门高效的种衣剂来防治，如用氟虫腈防治麦根蜡、用溴氰虫酰胺防治地老虎和二点委夜蛾等。可见，二次包衣在一定情况下是必要的，它是有针对性地提高病虫害防效及简化植保操作环节、充分发挥种子包衣技术优势的良好举措，但使用不当就会出现问题。用目前主流杀虫种衣剂如吡虫啉、噻虫嗪、吡虫啉＋氟虫腈（如"速拿妥"）、噻虫嗪＋溴氰虫酰胺（如"福亮"）二次包衣一般不会出问题，问题多出在用杀菌剂二次包衣上，尤其是用三唑类杀菌剂二次包衣。该类药剂被种子吸收后可抑制赤霉素合成，影响芽的伸长长度和速度，低温下药害更明显。正常情况下，该类药剂包衣种子，可推迟出苗1～2天，且有蹲苗作用，一般每100千克种子用有效成分不能超过10克；12.5％的烯唑醇用量超过种子量的0.3％，就可使出苗率降至20％以下。河北衡水曾有一农民购买了两种郑单958种子，其中一种已用咯菌腈包衣，播前统一用吡虫啉＋戊唑醇进行二次包衣，结果咯菌腈包衣的种子出苗出现问题。

由杀菌种衣剂引发的药害，严重者可导致不出苗（图1-3），受害株即便能出苗，也会出苗缓慢，且多是心叶扭曲、叶片皱缩、根系发育不良、植株矮小的畸形弱苗（图1-4）。受害株第三片叶畸形最重，有的仅剩畸形且短小失绿的叶鞘（图1-5）。

图 1-3　高量萎锈灵＋福美双致出苗困难
（引自梁晓玲资料）

图 1-4　高量萎锈灵＋福美双致苗畸形
（引自梁晓玲资料）

图 1-5　种衣剂药害致叶片畸形

（二）对策

尽量选用药害轻的药剂处理种子，用药前详读使用说明，严格控制药量。以前用药剂拌种，有杀虫剂商品制剂用量不超过种子量的 0.1％、杀菌剂商品制剂用量不超过种子量 0.2％就安全的笼统概念，但随着农药新产品和新剂型的不断上市，对于一些易产生药害的药剂或过高浓度的剂型还是小心为宜。用 70％的毒死蜱拌种，用量超过种子量的 0.04％，就会出现问题。用三唑类杀菌剂处理种子，苯醚甲环唑安全性相对较高，丙环唑及苯基酰胺类的甲霜灵安全性就较差。杀菌剂二次包衣时，需先弄清所购包衣种子是否已用杀菌剂包衣。已用杀菌剂包衣的种子一般不再用杀菌剂二次包衣，有必要二次包衣时需试验所用药剂及剂量是否会带来药害。

药害致出苗率不足 70％的地块或畸形苗严重地块应马上毁种，出苗率 70％以上、畸形苗偏轻地块可选喷 20～30 毫克/千克赤霉素、2 万～3 万倍液（3 克/亩*）的"碧护"或 20～30 毫升/亩的"叶佳美"，并马上浇水缓解药害。

---

* 亩为非法定计量单位，1 亩＝1/15 公顷。——编者注

第二节 肥害及土壤处理除草剂药害

一、"肥烧籽"

(一) 原因与症状

导致"肥烧籽"的原因主要是技术操作与肥料质量问题。在没有种肥同播播种机的年代，曾推广过种肥施用技术（种子与化肥掺混在一起播种），以培育壮苗，但该技术要求亩用尿素必须控制在 2.5 千克以下，否则就会"烧籽"。现在"肥烧籽"主要由种肥间距不当、过量施肥引起。"肥烧籽"导致的不出苗，挖出种子后，可见种子有芽无根或无芽无根（图 1-6）；时间略久，死亡种子腐烂。

图 1-6 "肥烧籽"

进入 21 世纪后，国内铁茬直播玉米从不施基肥变为种肥同播、"基肥＋追肥"模式，再由"基肥＋追肥"模式变为缓/控释肥一次基施、免追肥模式，历时约 15 年。现在许多人用的尽管不是缓/控释肥，但为了简化作业环节、免去追肥及追肥灌水，也一次基施。缓/控释肥一次基施、免追肥是玉米轻简栽培与节水栽培技术的核心内容之一。如今，不能种肥同播的播种机已基本退出了生产，而采用种肥同播就必须要注意种肥间距及播肥量，且播后马上灌水，防止"肥烧籽"。

一些农户盲目增加播肥量；一些播种机手为了减少播种时作业阻力、降低油耗，常把播种耧与播肥耧的横向水平间距调整在几乎一条线上，是造成事故的主观原因，是技术操作问题。客观原因是所施肥料用量超过阈值出现毒害作用（如硼、锌、尿素等），肥料溶液浓度≥5%就会烧种烧苗；或含有较多的有害物质（如缩二脲）；或在土壤里分解转化过程中产生有害物质（如氮肥转化释放出游离氨，石灰氮作土壤处理剂或肥料会水解出高毒物质氰胺）；或使种子周围土壤盐指数过高；还有生理酸性或碱性肥料致种子周围土壤 pH 变化过大等，如尿素溶化处常出现 pH 达 9～11 的强碱区（高志等，2005）。

(二) 对策

采用"基肥＋追肥"模式种肥同播、基施普通玉米专用复混肥 15～25 千克/亩时，播种耧与播肥耧的横向水平间距应≥5 厘米，种、肥在土壤中垂直间距应≥10 厘米；采用缓/控释肥一次基施、基施量达到 35 千克/亩以上时，播种耧与播肥耧的横向水平间距不得<8 厘米，习惯上讲，要保证到 10 厘米左右。

基施高塔熔融造粒的复混肥，更要确保种肥间距。熔融造粒的复混肥颗粒均匀、硬度高、碎末少，滚筒造粒的易捏碎、多碎末，两者很容易辨识。熔融造粒的复混肥若氮素养分来自尿素，尿素熔点 132.7 ℃，且热不稳定，加热至熔点温度以上并保持较长时间，会因脱氨或缩合反应产生一定量的缩二脲，带来潜在危害，这是高塔熔融造粒工艺的缺陷。缩二脲含量≥1%的尿素不能用作种肥，即便基施，也可能使出苗率降至 50% 以下；

GB/T 2440—2017《尿素》规定，尿素中缩二脲含量＞1.5％就不合格，而氮素养分为尿素的高塔熔融造粒复混肥，生产时一旦工艺波动或控制不当，缩二脲含量很容易达到1.5％以上。GB/T 15063—2009《复混肥料（复合肥料）》中未给出缩二脲最高含量限定指标，2021年6月1日开始实施的 GB/T 15063—2020《复合肥料》中规定包装容器或使用说明中标明适用于种肥同播的产品缩二脲含量应≤0.8％；2020年7月1日开始实施的 GB 38400—2019《肥料中有毒有害物质的限量要求》规定，无机肥料中缩二脲含量＞1.5％为不合格。

要以效定肥，避免高产低效，把经济效益是否最大化作为确定目标产量和化肥投入是否合理的评价指标，切勿盲目增加施肥量。当前亩产600千克左右的玉米，用高氮（＞26％）、足钾（8％～12％）、磷适量（6％～10％）的专用复混肥一次基施，亩施纯氮12～15千克足矣；亩产700～800千克，亩用专用复混肥通常也不应超过65千克。在一般地块上，无论大量元素化肥，还是中微量元素肥料，施肥量与产量均呈二次曲线关系，过量施肥反而减产。微量元素肥料在土壤中起营养作用的浓度与有害浓度差别普遍很小，一过量就可能发生毒害，虽然这种毒害多数情况下不直观，但最终都会反映在产量上。试验表明，在洪冲积淋溶褐土上每亩条施钼酸超过22克就会造成减产。另外，用复混肥掺混尿素的方法来提高基施氮量、种肥同播，会显著增加"肥烧籽"风险。必须大量基施氮肥或复混肥时，最好采用先撒肥、后整地、再播种的作业次序，利用土壤来稀释，不宜种肥同播。

在灌溉农区地多井少情况下，要避免播后数天才浇蒙头水，尽量做到随播随浇。若播种前后降雨，采用缓/控释肥一次基施地块，也仍以浇水为妥。旱作农区，基肥用量大时，尽量整地前施肥；免耕种肥同播时，要么适当增加种肥间距，要么采用"基施＋追肥"模式，基施15～25千克/亩实物即可。发生"肥烧籽"后，出苗率高于70％的应马上浇水缓解症状，出苗率低的及时毁种。

二、劣质肥害

（一）原因与症状

劣质肥料不仅限于养分含量不达标，或者廉价的氮素营养多些、价高的磷钾养分少些的"坑农肥"，致命的是对作物有害的"害农肥"，如 pH 不当或含有害物质。施用了含有害物质肥料，不仅对当季作物造成危害，还可能对土壤产生长期污染。当前不少化肥原料来自化工副产品，若用的原料本身有毒，如氟化钾（该化合物溶液是可腐蚀玻璃和瓷器的有毒物质），将其加入肥料中，化验钾含量可能没问题，但危害极大。有害物质污染（杂质有害）同样会导致产生"害农肥"。过磷酸钙是以前普遍直接施用的磷肥品种，用硫酸与磷矿粉反应制成，若酸度过高，或使用了三氯乙醛（酸）污染的废硫酸来生产，均会影响出苗。20世纪70～80年代，北京、江苏、云南、山东、安徽、浙江、重庆等10多个省份曾因施用三氯乙醛（酸）污染的过磷酸钙而发生过事故。2005年、2007年，浙江、上海又先后发生类似事故。过磷酸钙中三氯乙醛（酸）危害作物的临界含量为穴施200毫克/千克、条施400毫克/千克；玉米条施三氯乙醛（酸）含量达到800毫克/千克的过磷酸钙，可使相对出苗率降至85％以下；三氯乙醛（酸）含量达到1 600毫克/千克，出苗率可降低40％以上；有的被害株即便能出苗，也生长缓慢，叶片变短、扭曲，症状似氟乐灵或异丙甲草胺封闭除草时药害，苗后植株还会继续死亡。GB 38400—2019 规定，肥料中三氯乙醛＞5.0％就不合格。图1-7是2011年施用河北邢台一企业生产的有害化肥的玉米，肥料含有害物种类不详，但受害地块玉米要么不出苗，要么出苗后叶片很快黄化、白化，随后枯死。

（二）对策

1. 防范劣质肥害 不少由假冒伪劣农资引发的事故案件中，制假售假者没有赔偿能力，使用者虽可通过法律途径追究他们的刑事责任，但经济损失最终还需自己承担。为防范此类情况，购买肥料时，要选择质量、

图1-7 劣质肥害田

信誉可靠的品牌，切勿贪图便宜，无把握的肥料最好通过化验及试用的方法做一下质量复检。规模化种植者应建立起较为稳定的农资直购渠道，这既是降低生产成本的需要，也是控制农资质量风险的需要。农资经销商和种粮大户，对购进的每批次化肥，必须保留未拆包装的样品，切勿全部售完或用完，以便出事后作为证据。

2. 劣质肥害的鉴定与维权 肥料相关质量标准要求检测并给出规范检测方法的项目是有限的，而有害化学品成千上万，都纳入标准、给出规范检测方法并要求检测不现实，这就造成了一些市售化肥按质量标准检测合格，施入田间却带来危害，说明有时仅凭化验就判定肥料合格是不可靠的。实践中，若仅凭化验结果就判定涉案肥料合格，必导致一些案件维权难。2020年7月1日开始执行的标准GB 38400—2019《肥料中有毒有害物质的限量要求》提出了肥料中一些有毒有害物质限量要求，但涉及项目也远远不够。

可通过比较施用相同及不同肥料的多地块的表现来辨识出问题的地块发生的是否为劣质肥害。初步判定是劣质肥害后，应第一时间通知有关管理部门进行权威性现场勘验，获取、固定现场证据。伪劣肥料销售金额（以5万元为起点）或引发损失（农资一般以2万元为起点）预计达到刑事立案标准的，在公安部门申请立刑事案件，需要进一步做作物受害因果关系与损失等鉴定时，当事人、市场监督管理部门、农业行政执法部门或公安部门等均可向农业司法鉴定机构委托。

在司法鉴定时，采用化验方法来确定肥料中有害物质种类及其危害的因果关系不完全可取，这是因为化工产品太多，难以确定化验目标；即便化验出含哪种或哪些有害物质，但因其不一定是肥料质量指标中的检测项目，在法律层面上讲，其化验方法也不一定是合法、规范的，以化验结果作为证据，理由就不够充分；非已知情况下，不能主观断定检测出的有害物质及含量与作物生长异常症状间存在必然的因果关系。故类似案件宜采用定性方法做鉴定，安排试验，将涉案肥料用在涉案作物上，证明肥料有害即可。农民在追究赔偿时，不仅可主张当季作物的损失赔偿，造成土壤污染的，还可要求赔偿消除污染、恢复土壤质量所产生的费用。

部分肥害、药害通过灌水可缓解症状，但对于有的劣质肥料来说灌水却加重危害。若有害物质是水溶的，灌水会加速作物对有害物质的吸收，以及有害物质在土体中的扩散，使作物更迅速地死亡，并给以后消除土壤污染带来麻烦。

三、土壤处理除草剂药害

（一）成因与症状

二硝基苯胺类的氟乐灵、二甲戊灵是两种用于白地（冬季或上茬休耕地块）播前土壤处理的除草剂，具有杀草谱广、药效稳定的特点，通过触杀杂草幼芽和幼根使其死亡；多用于化除棉花、大豆、向日葵等农田中的一年生禾本科杂草与一些阔叶杂草，二甲戊灵安全性相对较高、使用范围更广。在棉改粮及一年只种一季玉米的地方，也用于玉米田除草，但时常发生药害。

发生药害的原因主要有3点。一是两种药剂在整地、地表喷施后，需有一浅混土、形成药土层环节，即擦耙一下即可，若混土时用旋耕机再旋耕一遍，成了全混土，则会使种子播在含有除草剂的土层中，种子与除草剂直接接触，导致药害。二是播种浅，种子播在药土层中。三是播后苗前施药，施药量大，施药期偏晚、临近出苗才施药，以及低温或施药后马上降雨、灌水。研究表明，两药剂均抑制种子胚轴伸长，种子所在土层氟乐灵浓度超过4.8毫克/千克就会对出苗不利；二甲戊灵浓度达到0.25～0.5毫克/千克时根系生长严重受抑、植株矮化，达1.0毫克/千克时几乎无根、芽苗畸形。药害重者不出苗；轻者出苗慢，苗后叶片短小扭曲、心叶展开不畅、基部叶片现紫红斑，植株弱小（图1-8），根条数减少、须根增多、变粗变短、根尖膨大（图1-9）。

图1-8　氟乐灵药害（左图引自梁晓玲资料）

图1-9　二甲戊灵药害对根系影响（播种浅）

可使根系变短变粗的除草剂还有 2，4-滴、2 甲 4 氯、氯氟吡氧乙酸及麦草畏等；2，4-滴、2 甲 4 氯使根系变粗，主要是变扁宽，且须根增多，入土浅。麦草畏会使根尖膨大，根结线虫也会使根系出现异常膨大，注意甄别。

（二）对策

用氟乐灵、二甲戊灵化学除草，必须整地前浇水造墒、足墒播种；播前施药后只可擦耙浅混土；播种深度要在 3～5 厘米、药土层之下。两药虽在土壤中无明显渗淋，一旦与土壤结合，就很难再移动，但用在玉米上安全性都较差，不用为宜，发生药害后通常需要毁种。在春白地或毁茬地上，因无秸秆遮蔽地表，喷施传统的甲·莠合剂、乙·莠合剂或甲·乙·莠合剂等玉米播后苗前专用封闭型除草剂，都有很好的除草效果，只要不刻意超剂量施用，就无问题。

拜耳公司的"爱玉优"（315 克/升噻酮磺隆·异噁唑草酮悬浮剂）是新型广谱封闭型除草剂，春、夏玉米均可采用；施药时对底墒无严格要求，可实施"零天化除"（播种的同时喷洒除草剂，然后再浇水。其中的异噁唑草酮在土壤墒情不好时虽不能及时发挥除草作用，但仍能保持较长时间不被分解，待遇雨或灌水后，仍能被激活、发挥药效）；它不仅对乙·莠合剂、烟嘧磺隆、硝磺草酮等难以防治的苘麻（图 1-10）、铁苋菜等部分一年生阔叶杂草高效，对多年生宿根性阔叶杂草打碗花、刺儿菜等也有显著的抑制作用。春白地上喷施"爱玉优"，无须掺混莠去津防控自生麦苗，亩施 25～30 毫升即可；"零天化除"，兑水不得低于 25 千克/亩。抗性禾本科杂草较多时可加施异丙甲草胺或精异丙甲草胺。

图 1-10　烟嘧·莠去津对苘麻的防效

第三节　播种环节问题

一、播种机排种器不适应种子外形特征

（一）原因与现象

玉米籽粒按照胚乳淀粉结构、胚的大小及外部稃的有无等可分为硬粒型、马齿型、半马齿型、糯质型、粉质型、甜质型、爆裂型、有稃型、甜粉型、甜糯型和高油型等，不同类型种子大小、形状、饱满度差别很大，如马齿型大而扁，爆裂型多小而圆，甜质型瘪瘦、表面褶皱；即便是普通品种，种子粒型、粒径也会因品种不同或在果穗上着生部位及成熟度不同而多样（图 1-11）。排种器是播种机的核心部件，功能是将种子个体由堆状无序排列变为有序线性排列，但没有一种排种器不经调试就能完全适应各种粒型或粒径的种子单粒精播。不同排种器对种子外形特征要求如下。

1. 机械式排种器　勺轮式排种器对种子粒径有严格要求。这类排种器出厂时，分种勺盘上勺匙一般设置为中勺，适宜播宽6～8毫米、长8～10毫米的种子。如果种子粒大、勺小，勺就会舀不住，或难以稳定停留在勺内，易因排种器颠簸振动掉落而漏播；若粒小勺大，就会一勺舀2～3粒，甚至更多，造成重播。试验表明，用一般勺轮式排种器播郑单958，重播率4%左右，再直接播粒型较小的京农科728时，重播率可达25%。指夹式排种器对种子粒径要求不严，但对流动性要求较高，圆粒种子播种质量较好。

图1-11　外形特征不同的种子

2. 气动力式排种器　气吸式排种器排种盘上型孔直径与种子粒径要求要协调（型孔直径是种子宽度的0.65倍左右）。如果型孔偏小、吸力不足，大粒种子易漏播；若型孔较大，小粒种子不仅易重播，还可能卡入型孔，若在排种盘另一面无顶种装置，该孔就会出现重复漏播；嵌入型孔的种子如果将排种盘卡死不转，还会造成整行漏播。若刮种器与排种盘间隙大，小粒种子重播率高；若间隙小、种子大，易伤种，且漏播率高。甜玉米种子皱瘪、表面不平滑，难以与型孔严密接触，会使吸附力降低，种子在排种器振动或颠簸作用下易脱落而漏播。多数气吸式播种机需根据种子大小及播种密度随时更换排种盘。

气吹式排种器利用重力充种、气流清种、型孔存种和封闭空间携种，相比气吸式排种器，对种子形状和大小的适应性较强。

（二）对策

单粒精播用种，必须清选、多级分级，令同包装内种子大小均匀，播前要根据种子粒型、粒径调试好排种器。用气吸式播种机播种时，需注意排种盘型孔与种子大小是否协调，型孔数是否符合播种密度要求；每次更换排种盘后，均应仔细调整刮种器与排种盘型孔的间隙，以保证单粒播，又不伤种。通过更换孔数较多的排种盘进行高密度播种时，可能会因吸附力降低致漏播率上升；通过提高排种盘转速进行高密度播种时，排种盘转速超过一定限度，也会造成充种不良而提高漏播率，此时若风机功率可调，则适当调高吸气压力。勺轮式排种器，外部设有分种勺盘与固定板间隙调整螺栓的，可根据种子粒径微调间隙大小以适应精播需要，但播极大或极小种子仍需更换勺盘。指夹式排种器播马齿型种子，最好用润滑剂处理一下种子。

无论使用哪种排种器，播圆形种子的播种质量均高于扁平和长粒种子，对种子进行丸粒化处理是提高播种质量的有效措施。种子丸粒化处理时，在辅料中亦可添加营养元素、抗旱保水剂、杀虫杀菌剂和生长调节剂等来防治病虫、培育壮苗。甜玉米，尤其是超甜玉米，种子出苗率普遍较低，除了要做好播前晒种、种子包衣外，机播宜选勺轮式排种器，将排种器调为1穴2～3粒，且播深控制在2～3厘米，对保苗有益。

二、播种机技术含量问题

(一)原因与现象

高质量种子加上先进的播种机械,方可实现高质量机械化播种。对于播种机而言,核心组件排种器是否先进,直接影响精播质量,尽管排种器依据分种原理不同而种类繁多,但任何一种都存在难以克服的缺陷。

1. 排种器与播种质量 结构简单的窝眼式排种器,若窝眼设置小、种子粒大,播种时不仅易漏播,还易伤种;若调大窝眼,重播率就会增加。仓转式排种器也是难以同时降低漏播率与重播率的排种器。这两种均不适宜单粒精播。机械式排种器允许的播种速度普遍较低,气动力式排种器允许的播种速度相对较高。水平圆盘式排种器虽播种精度高,但允许作业速度低,还常需对种子丸粒化进行处理,成本高,通用性差,生产上已很少采用。

勺轮式排种器对种子粒径有要求,需随时依据种子大小更换勺盘或调节勺盘与固定板间隙。当充种室种量少时,还易出现充种不良;作业时机具倾斜或有强烈颠簸、振动,会使种子从勺匙中掉落而漏播。指夹式排种器利用指夹夹持作用携种(图1-12),对种子粒径适应性优于勺轮式,基本无须因种子大小而更换部件,即便种子粒径偏小,也基本能保证单粒播;与勺轮式排种器相比,它原理上虽能避免种子在分种至投种过程中因机具振动等引起的掉落,但漏播率却略高,尤其播扁平种子时,说明指夹式排种

图1-12 指夹式排种器

器对种子流动性要求高。指夹式分种的指夹张合由弹簧控制,弹簧为易损件,材质不良的话,易失去弹性致"指夹"不能张合而漏播,需时时关注;国产弹簧普遍抗疲劳性差。

气吸式排种器结构复杂,制作精度要求高,维护技术要求也相对较高。廉价、工艺简陋的小型气吸式排种器难以满足高质量播种要求,加上多需通过更换型孔数目不等的排种盘来调节播量,不适宜品种繁多的农户分散式经营播种。在麦茬地上,当排种器进气口设计不合理时,容易被扬起的碎秸秆堵塞,导致进气不畅而漏播。排种盘另一面无顶种装置的排种器,当种子清选不良、粒径与型孔不配套时,小粒、破碎粒会嵌入型孔,使该孔出现重复漏播。电机直驱的排种器(图1-13),当电机功率较小时,嵌入型孔的小粒、破碎粒会将排种盘卡死,使其不能转动;吸进排种器的尘土也

图1-13 电机直驱排种器

会影响排种盘运转而导致漏播。

2. 单体仿形与播种质量 许多小型播种机最普遍的问题是无单体仿形机构，每一行的播种、开沟和覆土系统（合称播种单体）都与机架直接连接（图1-14）。仿形机构是使播种机开沟器能随地形变化而始终保持恒定工作深度、并开出深浅一致播种沟的装置，主要包括地表高度检测机构和常用的平行四连杆垂直仿形机构两部分（图1-15）。地表高度检测机构关键部件是仿形轮，起感知地面起伏的作用。开沟器与仿形轮安装在同一垂线的称为同位仿形，也有前仿形或后

图1-14 无单体仿形播种机

仿形机具，同位仿形最好，缺点是排种器不能低位安装。图1-16为一地轮兼仿形轮的小型单体仿形播种机，属后仿形，当前边开沟排种铲遇到地面起伏时，后边地轮无法及时作出反应。非同位仿形机具的优点是排种器可低位安装，结构简单。四连杆仿形机构为一可变形的四边形装置，用于连接播种单体与机架，使播种单体上下有一定的自由移动空间。每个播种单体都装有独立仿形机构的播种机称为单体仿形播种机（图1-17）。

图1-15 四边形仿形机构与仿形轮

图1-16 地轮兼仿形轮的播种机   图1-17 单体仿形播种机

通过单体仿形，可有效克服地势不平、地轮滑移、悬挂不水平以及土壤流变特性多样造成的漏播和播种深浅不一。用无单体仿形播种机播种，遇到车辙沟（图 1-18）或局部低洼处（图 1-19），种子常不能播入土中，形成缺苗断垄；遇到地势左右起伏就可能使一侧 1～2 行种子播得过深，而另一侧种子裸露；遇到地势前后起伏处，播种机昂首翘尾，也会发生播种过深、过浅及漏播情况。3～4 行的小型播种机无单体仿形，问题不很突出；但 5 行或 5 行以上的中大型播种机，在播幅宽、又无法保证地势相对平整的情况下，无单体仿形机构，很难保证播种质量。单体仿形播种机播深变异系数可控制在 10% 左右；无单体仿形的播深变异系数一般在 20%～35%，且播深还易受悬挂调节是否合理、土壤流变特性等所左右。播种深度一致性直接影响出苗期是否一致及群体生长整齐度。

图 1-18　无单体仿形播种机遇车辙沟造成的断垄

3. 落粒间距不均　现有播种机另一问题是落粒间距不均，这既有机具设计缺陷的原因，也有机手操作不当和耕

图 1-19　无单体仿形播种机遇局部低洼处造成的断垄

地不够平整等原因。排种机构运行平稳性、机具机械振动幅度、排种器安装位置高低、籽粒落地后跳动位移、有无导种管、导种管种类和安装角度、机手驾驶是否匀速和地势起伏致机具颠簸等，都会影响落粒间距均匀度。落粒间距不均，会导致重播（株距<0.5 倍设计株距）和漏播（株距>1.5 倍设计株距）同时出现（图 1-20）。理论上讲，光照、水分、养分在田间是均匀分布的，落粒间距不均匀，单株生长空间不均，必加重苗后群体内个体间生长竞争，使群体生长整齐度降低而减产。

投种高度对落粒间距均匀性有显著影响。老旧播种机的排种器高位安装，种子经导种管入土，此设计难以保证落粒间距均匀。排种器安装位置越高，落粒间距越易受机具振动、机具颠簸、机手驾驶平稳性和种子入土时弹跳位移等影响；加上导种管多采用内壁不光滑的螺纹管或波浪管，安装不垂直、有一定倾斜角度，种子在导种管内来回弹跳，不能顺畅下落，都会影响落粒间距一致性。若导种管安装倾斜角＞30°，还易堵塞。排种器低位安装（排种器底部距开沟器底部 20 厘米左右），取消导种管（图 1-21），排出的种子经开沟器中间直接入土，能较好克服上述弊端。

图 1-20　落粒间距不均　　　　　　图 1-21　排种器低位安装

　　我国的播种机无论是播种质量，还是作业效率，与国际先进水平相比，还有一定差距。在机具研发和生产上主要存在四方面问题：一是多追求排种器新原理突破，而对现有精密排种器的改进设计与优化设计少，有的研发甚至仅停滞在试验台上，以至于许多看似理论水平很高的排种器难以在生产上推广应用；二是整机缺乏系统性、精密性、可靠性研发，有的机具虽然安装了进口排种器，但仿形机构、排种驱动机构、播种密度控制机构等却很落后；三是片面控制成本，保障播种质量的组件能省则省、能简则简，制作材质差，故障率高；四是生产厂家多是缺乏研发能力和竞争能力、产品定位低的小型企业，产品多是播 3～4 行、自重轻［不能安装灭茬切刀（图 1-22）］，适合 22.05 千瓦（30 马力）以下拖拉机悬挂作业的小型机，少见拖曳式大型机（图 1-23），与 51.45～73.50 千瓦（70～100 马力）动力机械配套的少，农机专业户整地、播种都做的话，中、小型牵引车都需购置，浪费资金。

图 1-22　灭茬切刀兼施　　　图 1-23　国外拖曳式播种机（E. Cruz 提供）
　　　　肥开沟器

用于免耕播种机精播质量评价的有两个部颁推荐标准，一是 NY/T 503—2015《单粒（精密）播种机作业质量》；二是 NY/T 1628—2008《玉米免耕播种机作业质量》。NY/T 1628—2008 规定，播种粒距合格率需≥95％、重播和漏播率均需≤2.0％。NY/T 503—2015 制定考虑了国产播种机现有水平，技术指标相对较低。NY/T 1628—2008 给出的漏播定义及漏播率计算方法欠严谨，只简单规定了实播株距大于 1.5 倍设计株距时为漏播，此定义仅适用于漏播为单穴，不适用于连续多穴漏播；当连续漏播、实播株距大于设计株距的 2.5、3.5 倍等时都视为漏播一穴，会使统计的漏播率比实际偏低；若播种机给出的漏播率参数依据 NY/T 1628—2008 得来，则播种时需注意，这个参数会低于实际漏播率。NY/T 503—2015 引用了 GB/T 6973—2005《单粒（精密）播种机试验方法》的漏播率测定方法，顾及连续漏播情况。

（二）播种机的选择

要选设计科学、制作精密、用材可靠的播种机；除了有种肥同播、单体仿形、灭茬清垄或防壅土壅秸秆等基本功能外，保证播种质量的辅助系统也应完善，采用数字化光电控制技术的最佳。如装有卫星导航自动控制系统，取消机械式划线器，既降低驾驶员劳动强度，还可使播种行更直、行与行衔接更规范，从而有效减少机收时不对行收获带来的损失。改用电机直驱排种器，利用数控设备输入株距信息后，通过传感器检测播种机前进速度，再根据播种机前进速度和预设株距控制排种器转速，可有效克服地轮通过链条或齿轮驱动排种器的弊端，提高播种精度。安装播种作业参数实时监控系统，可实时监控播种合格指数、漏播指数、重播指数，以及播种速度、播种面积、播种播肥量等信息，并将信息上传、存储，当出现排种排肥异常时还能及时报警。图 1-24 是一装有类似监控系统的深松分层施肥播种机，不仅漏播可以报警，无须机后跟人随时观察播种状况，还可通过网络，在手机和电脑上实时定车定位监控播种作业参数，实现了播种面积、播种合格面积（深松深度≥25 厘米的面积）精确测量。

任何一项技术都有其使用条件和适用范围，播种机也不例外。如采用具深松、分层施肥功能的播种机播种，必须有灌溉条件，或播种时底墒充足、播后降雨充沛，否则不宜用这种播种机播种，尤其在质地疏松的土壤上。土壤深松后，活土量增加，孔隙度提高，蓄水能力加强，但不采取措施踏实土壤，失墒也很快。旱作农田，用这种播种机播种，指望有限的降雨保证出苗，且坚持到雨季、不灌水，是危险的。实践证明，夏玉米深松播种后，在没有充分灌水或降雨、踏实土壤前提下，

图 1-24 装有作业参数实时监控系统的播种机

常不能保证全苗，且使幼苗长势不整齐。若至 7 月中旬始终无有效降雨，大部分幼苗会长成"小老苗"，至 7 月下旬，株高较非深松播种、正常灌水的矮 1 米左右，较未灌水的矮 1/2，生育进程显著滞后，田间生长整齐度极差（图 1-25）。禾本科作物次生根生出有赖于水的刺激，若分蘖节处于疏松干土中，不能生出次生根或次生根发育迟

缓，根系吸收功能必大打折扣，植株就不"发苗"。另外，深松播种、非设施灌溉地块，浇水时灌水量大、灌水时间长，地多井少和地下水位深、灌水成本高的地方不建议采用。

图1-25　夏玉米深松播种未灌水地块长势（2018年7月26日）

三、播种机驾驶员操作问题

（一）原因与现象

夏玉米每年因播种质量差造成的产量损失在5%～10%，差的原因相当一部分应归咎于播种机机手操作问题。中国农机驾驶员绝大部分自学成才，少有脱产系统学习者。抛开他们在机具维修、保养方面知识欠缺不谈，在播种作业时操作问题也不少，以至于如种肥间距不当、种植密度不当、重播漏播多、行距不平行和不一致等现象很普遍。

播种机驾驶员操作最突出的问题是超速播种，在播种效率与播种质量上，他们更看重效率，这是在以播种面积计费的情况下难以避免的。超速播种会使排种器充种不良；分种、排种盘高速转动，种子在离心力作用下甩落；增加机具振动和机具颠簸幅度，使种子从分种、排种盘上掉落；地轮滑移系数增加，后果是导致漏播率上升和落粒间距不均。无论机械式还是气力式播种机，作业速度超过10千米/时，漏播率都会显著上升。甄别是不是由播种问题导致的缺苗断垄不难，看缺苗断垄处在田间分布特点即可。如

图1-26　播种质量差致缺苗断垄田

果缺苗断垄处在田间分布不均匀、随机出现（图1-26），一段有苗、一段无苗，通常可断定为播种质量问题；若分布较均匀，则为种子质量等其他原因。

（二）对策

播种机驾驶员要注意对机具的维护保养，不"带病"作业。播前要依据播肥量调好种肥间距防止"肥烧籽"；依据种子粒径大小调整好排种器，防重播漏播。播种速度要严格

控制在机具允许的范围内，不超速播种，同时油门控制要稳。简陋的小型播种机播种时还要做到"四看"，一是随时留意是否出现地轮卡滞、链条脱落、种肥管堵塞等问题；二是观察种子覆土情况，有裸露时需人工覆土或调整播种机悬挂；三是播种一段时间后检查种、肥箱中种子和肥料减少速度是否正常，不正常则播量有问题；四是时刻观察有无壅土壅残茬现象（图1-27），出现后及时清理。

图1-27　机具壅麦茬

第四节　灌水与土壤盐渍化问题

一、漏灌

（一）原因

夏玉米多数年份播期土壤干旱，需浇蒙头水方可出苗，浇不到水的地方，自然出苗不正常，故夏玉米播期多数年份应以浇蒙头水之日算起。如今不少地块为实现节水、降低灌水用工，安装了立杆式喷灌系统，若喷头在田间布局不合理，就会出现漏喷漏灌。常见的错误安装方式是喷头正方形棋盘式布局，喷头间距为喷头射程的2倍，4个喷头中间处浇不到水（图1-28）。如此安装无非是为偷工减料，它不仅影响玉米出苗生长，对需多次灌水的冬小麦也有影响（图1-29）。如果喷头是正方形棋盘式布局，

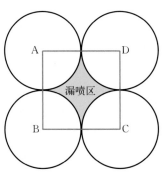

图1-28　漏喷的棋盘式布局

喷头间距应为喷头射程的$\sqrt{2}$倍（约1.41倍），方可避免漏喷（图1-30），但这样做，交叉重喷处面积大，需增加单位面积上喷头安装数量。

图1-29　漏喷处小麦长势

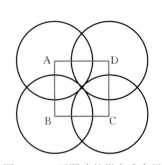

图1-30　无漏喷的棋盘式布局

（二）对策

合理的喷头布局是既不能有漏喷区域，重喷面积也最小，需安装的喷头数最少。这样，只有 7 个喷头组成的六点一心蜂巢式布局（图 1 - 31），或者说相邻 3 个喷头组成正三角形布局、相邻行的喷头错位安装才符合要求。理论上此布局喷头行与行之间的距离应为 1.5 倍射程，同行内喷头之间距离为 $\sqrt{3}$ 倍（约 1.73 倍）射程；4 个相邻喷头（如图 1 - 31 中 A、B、G、F）构成的菱形面积较间距为 $\sqrt{2}$ 倍射程的棋盘式布局中正方形 ABCD 的面积大 29.9%，单位耕地面积需安装喷头数少 25.6%。考虑到充分喷灌时水的溅落距离及水在土壤中横向渗扩距离通常可达 50 厘米，实际安装时，喷头行与行之间的距离可定为 1.5 倍射程加 1 米，同行内喷头之间距离定为 1.73 倍射程加 1 米。

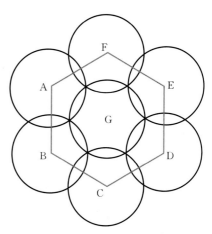

图 1 - 31　喷头正确布局示意

在地多井少、灌水时间和电力没保障的夏播地块上，尤其在土壤有墒但较差时（土壤含水量为田间持水量的 50%～65%），要控制播种进度，做到随播随浇。夏玉米播种时多高温少雨，播种动土后会加快耕层失墒，种子播在墒情较差的潮土中不及时浇水，远比播在干土中危险，一是易使植株出苗期和长势不一致；二是肥料一次基施、种肥间距不当时，肥料潮解后易"烧籽"；三是可能导致部分种子萌动后又"落干"，造成缺苗断垄，种粮大户和全面推行铁茬直播的地方应注意这一细节。播种前后有少量降雨，无把握保证出全苗、匀苗时，也要及时浇水，不可心存侥幸。

与漏灌相反，苗前灌水量过大，土壤相对含水量长时间保持在 85% 以上，出苗率也会降低。夏玉米播后田间数天积水，可致出苗率降至 10% 以下。一些种粮大户或渠灌农田，喜大水漫灌，既费水费电，影响浇水进度，又淋失肥料，影响出苗，还容易造成土壤板结，有百害而无一利。春争日，夏争时，对于地多井少又有喷灌条件的夏播地块，为保证灌水进度，全田都能及时出苗，可采取蒙头水二次灌溉法，第一遍先浇小水、10～15 米³/亩，能保证出苗即可，以便全田快速浇完；浇完第一水后紧接着浇第二水，以满足苗期生长需水。在石家庄洪冲积淋溶褐土上小畦灌溉，多数年份夏玉米需灌蒙头水 60～90 米³/亩，较生长期间单次灌水量多 1/3 左右。

二、土壤盐渍化问题

（一）土壤盐碱对出苗影响

中国盐渍化土，分为以氯化钠（NaCl）和硫酸钠（Na_2SO_4）等中性盐为主的盐土及以碳酸氢钠（$NaHCO_3$）和碳酸钠（Na_2CO_3）等碱性盐为主的碱土。当土壤氯化盐、硫酸盐总量达到干土重的 0.1%～0.2% 或碱化度（ESP）＞5 时，作物就会出现生长不良或生长困难；土壤含盐量达 0.6%，多数作物不能生长。盐渍化土壤主要通过渗透胁迫使作

物吸水困难、单盐毒害、破坏根细胞原生质膜和土壤结构而产生危害。玉米是对盐碱中等敏感作物，土壤饱和浸提液电导率＞4 毫西/厘米时即可造成减产，且之后电导率每增加一个单位，平均减产近 13%。

玉米种子萌发至幼苗期对盐碱敏感，尤其是幼苗期；玉米生长又是雨热同期，后期降雨可缓解盐碱危害；故在盐渍化耕地上种植玉米，保苗就显得尤为重要（图 1-32）。相关试验显示，当 NaCl 溶液浓度达 25～50 毫摩/升（约 0.15%～0.3%）时，敏感品种芽率就会降低；达 100 毫摩/升时大部分品种发芽率降低；达 150 毫摩/升时，参试品种发芽率均会降低。Na_2SO_4 产生盐胁迫的浓度阈值高于 NaCl，以物质的量浓度相同的溶液处

图 1-32 盐碱地玉米

理种子，发芽率高于 NaCl。碱性盐的危害大于中性盐，当 $NaHCO_3$ 浓度达 100 毫摩/升或 Na_2CO_3 浓度接近 4 毫摩/升时，全部参试品种发芽率均降低。一定程度的盐碱危害，不一定严重影响出苗，却可使多数品种形成红苗、弱苗，下部叶片早枯，并伴有干旱、缺素等症状，若不降雨或淡水灌溉，可进一步发展为成片死苗。

（二）土壤盐渍化的应对

中国已开垦种植的盐碱地约 9 000 万亩，大部分分布在以玉米为主要粮食作物的干旱与半干旱农区，盐碱地改良也一直是玉米中低产田改造的重要内容。20 世纪 80 年代后，不少内陆盐碱地区随着地下水位持续降低，耕层土壤盐渍化已明显改观。只要加强农田基本设施建设，合理利用深层淡水和远程调水，以水压碱洗盐，辅之以科学施肥、施用土壤改良剂，在这些地方实现农田低产变中产、中产变高产是可行的。

三、劣质水灌溉问题

（一）劣质水对出苗影响

劣质水分为咸水（如湖泊咸水及地下咸水）和地表、地下污水，危害包括盐、碱、酸害及有毒有机物和无机物毒害等。

通常，矿化度 3 克/升以上的地下咸水不能直接用于农田灌溉，更不能用于造墒或出苗水灌溉，否则严重影响出苗，还导致土壤积盐。自 20 世纪 90 年代开始，随着地表水污染加剧和水资源日趋紧缺，国内相当长一段时期内污灌面积持续扩大，污水随意排放、跑冒滴漏及污水灌溉不仅导致了众多农业事故，还造成了农村土样污染物超标率和重金属污染面积明显上升，更给环境质量与农村饮用水质量、食品卫生质量带来了威胁。环境保护部、国土资源部 2014 年 4 月发布的《全国土壤污染状况调查公报》显示，有近 71% 的污灌区存在土壤污染，26.4% 的点位污染物超标。1992 年，山西省原平县原平镇小河村等引牛卧河水库 pH 最高达 10.38 的碱性污水灌溉，造成了 60 多公顷小麦枯死，春玉米大面积缺苗断垄。2011 年唐山遵化发生过一小酱菜厂排污致作物受害案件，该厂将盐腌水

倒于渗井，厂外围墙边就是一口灌溉井，井水渍黄、污染严重，用此井灌溉的农田全部受害。2015年，山东滨州高新区污水厂排污于当地胜利河，使河水全盐量达4 196毫克/升，导致取河水灌溉的博兴县庞家镇12个村8 000亩玉米受害。

研究表明，陶瓷、电子、电镀、印染、铝业及选矿等企业产生的重金属废水均可抑制玉米种子发芽，发芽率与废水中重金属浓度显著负相关。当水溶液中镉（Cd^{2+}）、铬（Cr^{6+}）、汞（Hg^{2+}）、铅（Pb^{2+}）浓度分别达到0.09毫摩/升、0.5毫摩/升、0.05毫摩/升和0.08毫摩/升时就会对玉米发芽率产生影响。小炼焦厂直排的焦化废水含有大量酚类、联苯、吡啶和喹啉等难以降解的有机污染物，可使种子出苗率降低50%。每加工1吨皮革，可产生盐腌皮废水600～700吨、染色废水2～3吨，废水不仅含盐，还含有重金属铬（Cr^{3+}）及可溶性蛋白质、皮屑、悬浮物、丹宁、木质素、油类、表面活性剂、助剂、染料及树脂等，也是严重的有机污染源。用湿法工艺每产1吨玉米淀粉可产生pH 3.8～4.2的废水10～20吨；用酸法制浆，每生产1吨纸浆，可产生pH 1.2～2.0的废水40～50吨，这些废水一旦进入农田，势必产生危害。

（二）劣质水问题的应对

据河北省农业科学院旱作农业研究所李科江等研究，用矿化度2.25克/升以下的微咸水灌溉，不会使轻度盐渍化土壤产生明显的盐分积累，对产量安全，对土壤也是安全的。不少土壤盐渍化区地下微咸水资源丰富，储量大、分布广、回补快、易开采，在这些地方，只要保证底墒或出苗水用淡水灌溉，生长期间采用深（淡水）浅（咸水）井配套，并根据深浅井水的矿化度确定混合流量和混合比例，实施咸淡混浇或轮浇，就可充分利用当地水资源，降低灌溉成本。

重视农业环境监管，有效管控排污是防范污水危害农田的关键。要切实整治地表水有水皆污的局面，强化工业园区污水处理设施运行情况督查，发动群众主动监视污灌带周围乡镇企业排污，依法追究排污企业与法人责任，杜绝以罚代管，从严处理渗井排污。灌溉季节，环保部门应随时监测污灌用水水质，保障用水安全。

第二章　玉米苗期生长异常

玉米苗期生长异常原因主要有基因缺陷，不良气候，劣质肥害，有害固体、液体与气体污染物危害，病虫害，以及除草剂、杀虫剂药害等。症状多样，其中由病虫害和除草剂药害引发的最为普遍，除草剂药害又因添加隐形成分的现象普遍而情况比较复杂。及时防治病虫害、安全高效地控制农田杂草是玉米苗期管理的关键。

第一节　基因缺陷

一、叶色异常

玉米苗期叶色异常，主要是形成白化苗（图2-1）、黄化苗（图2-2）、黄绿苗（图2-3）以及多种条纹苗（图2-4）和斑点苗等。叶色异常的原因主要是基因突变；其次是环境影响；再次是缺陷隐性基因纯合得以表达，但在自交系长期选育下，此情况发生概率极低。

图2-1　白化苗

图2-2　黄化苗

叶绿素缺失的白化、黄化和黄绿苗症状多由隐性核基因控制，其遗传遵循孟德尔独立分配规律，自交系选育田常见，大田偶见几株是正常的，多（＞4%）则为种子质量问题。目前发现定位的控制玉米叶色的基因已达200多个，在每条染色体上均有分布。任何一个跟叶绿素合成有关的基因发生变异均可能影响到叶绿素合成，并形成不同的叶绿素突变体类型。如有的是整株叶色突变，且保持一生（图2-5），

图2-3　黄绿苗

有的是苗期显症、后期转绿，有的是离乳期（3叶期）后表现症状。遗传性叶斑病多在生育后期、植株长势衰弱后才表现典型症状。

图 2-4　白、黄条纹苗

图 2-5　黄条纹突变材料

需说明的是，缺锌、缺铁、劣质肥害和除草剂药害均可致幼苗黄化、白化，缺锰、镁、硫均可使叶片产生失绿条纹。生产上，在 pH 较高的盐碱地上，锌、铁有效性差，难以被作物吸收，可能出现锌、铁缺素症苗；在中性或偏酸性、质地适中的土壤上很少出现因缺素造成的黄、白化苗。喷施 HPPD（对羟苯基丙酮酸双氧化酶）抑制剂类除草剂硝磺草酮、磺草酮、异噁唑草酮，以及春播区上年种植大豆、施用了长效高残留除草剂异噁草松、亩用有效成分＞55 克，都可导致玉米苗白化（图 2-6）。麦田除草剂吡氟酰草胺残留，可致玉米苗第一叶以中脉为界半绿半白。一些病虫害也致叶片出现失绿条纹，如主要分布于印度尼西亚、印度等东南亚、南亚国家以及澳大利亚的玉蜀黍霜指霉菌侵染玉米后，植株中部以上叶片可出现淡绿色、淡黄色、苍白色或紫红色条纹或条斑；细菌性条斑病可致穗位以上叶片出现浅黄至白色条纹，甚至全白。线虫矮化病、黑麦秆蝇、二点委夜蛾等危害，多致叶片中脉一侧出现边界不明显的失绿条纹。

二、遗传畸形

生产上，致玉米幼苗生长畸形的多是病虫害、除草剂药害和肥害等，由基因缺陷引起的罕见。基因缺陷导致生长畸形的个体，多数在发芽至出苗阶段就表现症状，难以出苗，

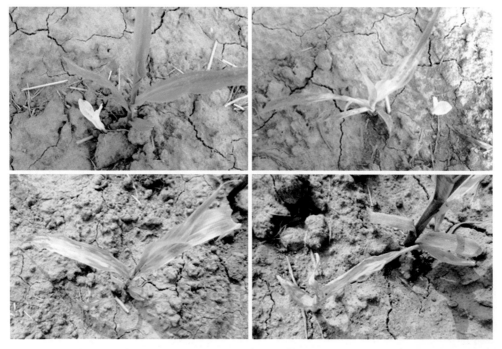

图 2-6 异噁草松药害

偶尔可见出苗者；当然，有的也可能是生长时发生基因突变。图 2-7 为叶鞘畸形，叶鞘为闭合管状，非卷裹状，这种幼苗以后长出的心叶就会展开不畅。图 2-8 为叶片畸形，细如线，非剑形，且心叶展开不畅。

　　丝黑穗病、瘤黑粉病、粗缩病、顶腐病、线虫矮化病等病害，黑麦秆蝇、蓟马、玉米旋心虫等虫害，以及烟嘧磺隆、苯磺隆、氟乐灵、二甲戊灵、酰胺类等大部分除草剂，都可引起幼苗生长畸形，注意甄别。

图 2-7 叶鞘畸形

图 2-8 叶片畸形

　　基因突变引起的白化、黄化苗因叶片不能进行光合作用，待种子养分耗完后，会很快死亡。黄绿苗、条纹苗、畸形苗虽可存活，但长势差，应及时拔除。

第二节 劣质肥害及环境中有毒物质毒害

一、劣质肥害

劣质肥害导致的幼苗生长异常在3叶期后才显现明显症状，原因是三叶期后种子中储存的养分基本消耗殆尽，根系开始从外界大量吸收矿质营养，同时种肥留有间距，根系与毒物接触需要一定时间。劣质肥害导致的幼苗生长异常，初期表现为红苗、黄苗、条纹苗和白化苗（图2-9），有的根系及茎基部内部组织褐变（似根腐病、苗期茎基腐病），进一步发展，叶尖叶缘、叶片中间或整个心叶出现枯萎，直至苗枯。

图2-9 劣质肥害

劣质肥害导致的幼苗生长异常一般为全田症状，不像病虫害那样点片发生，也不会像除草剂等药害那样，严重受害区域呈条带状或"之"字状。预判生长异常是否为劣质肥害导致的，看施用相同肥料地块是否有相同表现、施用不同肥料地块是否表现不同即可。

二、环境中有毒物质毒害

（一）固体、液体废弃物危害

改革开放后，随着乡镇企业的蓬勃发展，环境污染问题很快就成了农业安全生产及食品卫生安全不得不面对的问题。一些企业、作坊环保意识淡薄，也不愿意花钱处理有害废弃物，常将有害固体、液体废弃物随意偷倒乱放，甚至排入渗井。那些有害物质很容易随降雨径流或污灌进入农田，危害作物（图2-10）。

现在在黄淮海夏播区多数农村，20世纪80年代前随处可见的农田排水沟、村外蓄水坑都已基本填平，又缺乏下水排放系统，村庄接纳的雨水基本只有一个去处，就是村外农田。图2-11是2013年河北鹿泉一农村，雨水携带有害物质进入农田致玉米受害的场景，玉米先是红苗，似除草剂药害，之后全部死亡。污染雨水径流造成的受害田多出现在村口附近或工厂周围，田间有明显的过水或积水痕迹。当然，类似危害的发生不仅限于苗期，玉米生长期间降雨，随时可能发生。降雨偏小及地势不平时，相对低洼处容易受害（图 2-12）。

图 2-10 污水（左）与土壤污染致玉米受害（左图引自薛吉全资料）

图 2-11 河北鹿泉污染雨水致玉米受害　　　图 2-12 河北宁晋污染雨水致玉米受害

在有水稻种植的地方，水稻施用除草剂会对水体产生污染，玉米等作物再用这种被污染的水灌溉就可能受害。将来，如果大面积种植抗灭生性除草剂水稻品种，很可能对下游共用水源的玉米或其他作物以及不抗除草剂的水稻带来危害，这是推广抗除草剂水稻品种必须要防范的。

（二）有害气体危害

来自环境的有害物质除了固体和液体废弃物外，还有有害气体。若农田临近化工企业，就可能受到这些企业排放或泄露的二氧化硫、氟化物、氯化氢、氨气等有害气体的危害。如果企业烟囱不够高（＜40 米），特别是未通过环境影响评估、偷搭乱建的企业多不会建高大显眼的烟囱，给周边农田带来危害就在所难免。

液氨常被用作大型制冷设备的制冷剂，泄露可致局部空气中氨气浓度升高，使周围生物受害；设施蔬菜等因生长于密闭空间内，大量施用铵态氮肥，发生氨气毒害的可能性就高于大田。1988年国内就制定了《保护农作物的大气污染物最高允许浓度》（GB 9173—1988）（2016年1月1日起已废止），内容涉及二氧化硫和氟化物两种有害气体，玉米对这两种气体均中度敏感。GB 9173—1988规定，二氧化硫任何一次测定，大气中浓度不得高于0.7毫克/米³，氟化物日平均浓度不得高于10.0微克/（分米³·天）。受氟化物、二氧化硫高浓度急性危害的玉米，先是叶尖、叶缘发黄干枯，轻的1/3~1/2叶片干枯，重的整株干枯；受低浓度慢性危害的玉米，叶脉间会出现褪绿和坏死，似叶斑病。企业持续气体排污造成的受害田，会在企业周边呈近圆形分布；突发污染的受害田在有风情况下会以污染源为起点呈扇形分布，方向受风向左右，距污染源越近，受害越重。

如今，为对排放气体污染物的行业的废气排放加以限制，国家制定了相应标准，但依据这些标准处理案件也存在一些问题。若企业因技术问题等持续泄露，对其监测有意义，也容易取证；若私排偷放，等发现问题后，污染物早已扩散，再用大气质量监测的方法取证，就不现实。许多行业的大气污染物排放限值远高于农作物受害阈值，一些标准也未对企业边界大气污染物浓度作出限定。

三、劣质肥害及污染物危害的应对

对于劣质肥料造成的危害，可启动司法程序追责，按制售假冒伪劣化肥来处理。

防范环境污染造成的农业生产事故，还需从源头抓起，控制排污，做好环境保护工作。改革开放后相当长的一段时间，不少地方重经济、轻环保，重城镇而忽视农村环境，甚至直接将城镇、企业污染物集中排至农村一些地方，加上乡镇企业就近排放，使得涉农污染分散范围广、随机性强、污染物来源及种类多样。不有效治理企业排污，难免发生污染事故。农民朋友要对周边企业性质、排放主要污染物种类及其危害以及企业是否通过环境影响评估有所了解，积极配合环保部门对企业排污进行监督。如果预判为气体污染物排放引发的事故，当环保部门仅凭大气质量检测难以鉴定因果关系时，可利用农业司法鉴定专家的知识与经验来鉴定。

第三节 虫害引起枯心

玉米苗期心叶萎蔫（图2-13），多由虫害引起，既有地下害虫、地表害虫，也有地上害虫。地下害虫包括鳞翅目的地老虎、玉米蛀茎夜蛾，鞘翅目的叩甲幼虫（金针虫）、玉米异跗萤叶甲幼虫（玉米旋心虫）及玉米切根叶甲幼虫（根虫，检疫对象）等体型细长的害虫；地表害虫为二点委夜蛾及其近似种；地上害虫有麦秆蝇、弯刺黑蜷和大螟等。这些害虫苗期均可危害茎基内部幼嫩组织（图2-14），致心叶乃至整株枯死，是造

图2-13 地老虎导致枯心

成缺苗断垄（图2-15）的重要原因之一。

图2-14　地老虎钻蛀玉米茎基部　　　　　图2-15　二点委夜蛾造成缺苗断垄

一、地下害虫原因

（一）地老虎

危害大的地老虎主要有小地老虎、黄地老虎（图2-16）、八字地老虎、白边地老虎、警纹地老虎等。小地老虎遍及全国；黄地老虎主要分布在黄淮海夏播区及新疆、甘肃等地；八字地老虎内地都有分布，但东北和西南发生较多；白边地老虎主要分布于内蒙古、河北和黑龙江的部分地区；警纹地老虎主要分布于新疆、内蒙古、西藏一带。在河北，春播、晚春播、早夏播玉米易受地老虎危害，每年5月中旬前后至6月初是地老虎危害盛期；周围有棉花种植的玉米田受害重，夏玉米受害轻。地老虎除钻蛀茎基部造成枯心外，还可将幼苗沿基部咬断，拖至地下洞中取食。地老虎1～2龄幼虫昼夜均可群集于幼苗顶心嫩叶处取食，3龄后分散；具转株危害习性，一条幼虫一夜可危害多株幼苗。

图2-16　黄地老虎成虫与幼虫

（二）金针虫

金针虫为鞘翅目叩甲科（图2-17）幼虫总称，主要危害种有细胸金针虫（图2-18）、褐纹金针虫（图2-19）、沟金针虫（图2-20）和宽背金针虫等。细胸金针虫主要分布于东北、华北和西北地区，有机质较多的水浇地上发生重；褐纹金针虫主要分布于河北、河南、山西、陕西、湖北、广西、甘肃等省份。在华北，褐纹金针虫与细胸金针虫混合发生，均对小麦、玉米周年危害。大量施用未腐熟有机肥的地块发生重，夏玉米育苗移栽地块易受害。沟金针虫主要分布于辽宁、内蒙古及华北、西北、江淮等地区，喜有机质贫乏的干旱疏松土壤，如丘陵地上；宽背金针虫主要分布于东北和西北海拔1 000米以上地区。

图2-17　叩甲

图2-18　细胸金针虫

图2-19　褐纹金针虫

图2-20　沟金针虫

（三）玉米蛀茎夜蛾

玉米蛀茎夜蛾为鳞翅目夜蛾科害虫，分布于东北、华北地区。在东北一年一代，以卵在杂草上越冬，翌年5月上中旬孵化，低龄幼虫先在杂草上取食，6月上旬开始危害玉米。幼虫多从玉米幼茎的地下部位蛀入，蛀入后向上取食，致被害苗枯心，极少切断玉米幼茎。蚕食茎髓，可先使茎叶萎蔫，后全株枯死。幼虫有转株危害和相互残杀习性，一般一株一虫。低洼地、连作田和靠近荒地的地块易重发，5月气候湿润利于发生。

（四）玉米旋心虫

玉米旋心虫为鞘翅目叶甲科害虫，分布于东北、华北、华东、华南等地。在西北和东北地区，一年一代。以卵在土壤中越冬，翌年6月孵化出幼虫（图2-21）；幼虫多潜伏在玉米根系附近，自根茎处蛀入，危害10～30厘米高的玉米苗，被害株可呈现枯心、分蘖丛生、叶片卷曲、植株畸形或枯萎等症状，茎基部蛀孔处还会有褐色纵裂。有转株危害习性。

图2-21 玉米旋心虫

二、地表害虫原因

地表害虫二点委夜蛾（图2-22）于2005年在河北邢台被发现，2011年首次在黄淮海夏播区夏玉米上大发生，当年笔者根据田间飞蛾数量和上灯数量，准确预判了其将暴发危害，并通过《河北农民报》及时发出了预警。该虫种群大量增殖并最终形成危害，与各地推广小麦秸秆还田、夏玉米铁茬直播密不可分。小麦机收、大量还田麦秸覆盖于地表及播后浇蒙头水，给该虫栖息繁衍创造了良好的生境，苗龄适宜的玉米幼苗又提供了其喜食的食物。在河北，该虫以二代3龄后幼虫钻蛀3～5叶龄的玉米幼苗茎基部，造成枯心、死苗或分蘖丛生而形成危害，苗龄较大的套播玉米受害轻。每年该虫是否暴发危害，与麦收至玉米3～4叶龄期间的天气状况密切关联，若其间降大到暴雨或出现持续3天以上的高温干旱天气（相对湿度＜40%、最高气温＞35℃），则当年不会形成太大危害。研究

图2-22 二点委夜蛾各虫态

显示，各龄幼虫在温度20～28℃条件下存活率较高，达83%以上；超过35℃，存活率显著降低，尤其是3龄后大龄幼虫；卵在36℃时存活率基本为零。小麦产量高、还田秸秆多的地块或地头堆积处，二点委夜蛾危害重。二点委夜蛾不单钻蛀幼苗茎基部造成危害，玉米生长期间还危害次生根、气生根、幼苗叶片，钻蛀直立株果穗，咬食倒伏玉米籽粒等（图2-23）。

图2-23 二点委夜蛾危害部位

自黄淮海夏播区夏玉米推广"一增四改"（合理增加种植密度、改种耐密品种、改套种为平播、改粗放用肥为配方施肥、改人工播种收获为机械化作业）技术后，小麦秸秆还田、玉米铁茬直播不仅使二点委夜蛾种群增殖，也使得双委夜蛾等一些二点委夜蛾近似种增殖并出现危害。目前，国内外已记载的委夜蛾属昆虫有238种。按二点委夜蛾形态描述，标准的成虫背部无典型斑纹；肾形斑外侧中凹，仅有一白点。笔者在田间拍到了多种与二点委夜蛾典型特征不符、疑似近似种的蛾类，有的背部有开口向上的C形黑斑，肾形斑处2～5个白点，有的幼虫还危害心叶（图2-24）。关于二点委夜蛾近似种的种类、形态、习性、食性、环境适应性及其对国内玉米危害特点，有待深入研究。

图 2-24　二点委夜蛾近似种

三、地上害虫原因

（一）黑麦秆蝇

黑麦秆蝇属双翅目秆蝇科。该虫在国内分布区域北起内蒙古、新疆，南限大体东起渤海、山东泰安，西经陕西镇巴、甘肃到达新疆喀什地区。在北方春播区一年发生 3~4 代，华北平原 4~5 代。第二代危害春玉米和麦类作物，三代、四代危害夏玉米、谷子、高粱、自生麦苗及禾本科杂草等。在玉米上，幼虫从叶鞘与茎秆间缝隙钻至茎基部幼嫩组织处取食危害，可致玉米枯心（图 2-25）。干旱年份、播期偏早地块及田间、地头草茂者发生重。

（二）弯刺黑蝽

弯刺黑蝽属半翅目蝽科害虫，分布于四川、陕西、湖北、湖南、贵州等地，一年 1~2 代，若虫和成虫均可危害玉米。在玉米苗 2~5 叶期刺吸茎基部汁液，常致心叶枯死；5

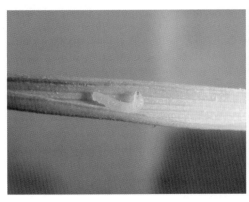

图 2-25　黑麦秆蝇幼虫及被害枯心苗

叶后危害，叶片上常出现排孔、纵裂或心叶卷曲、皱缩，生长点受损后还会致植株矮化畸形或分蘖丛生。

（三）大螟

大螟（图 2-26）是鳞翅目夜蛾科蛀茎夜蛾属害虫，主要分布在北纬 34°以南地区。在玉米上，成虫产卵多集中在茎秆较细、叶鞘抱合不紧的植株基部第二、三节叶鞘内侧。初孵幼虫不分散，群集于叶鞘内侧取食，被害叶鞘外部呈淡紫色，后渐变为枯黄色。一开始被害株（即产卵株）常有幼虫 10~30 头，3 龄后分散转株危害，进入危害盛期。钻蛀心叶，危害轻的在叶片上造成不规则穿孔，重的生长锥被破坏，造成枯心及多蘖；大龄幼虫还钻蛀下部茎节，使植株易

图 2-26　大螟幼虫（王振营提供）

倒折，钻蛀果穗引发穗腐；1 头虫可危害 5~6 株不等。

四、枯心苗的预防

预防虫害造成幼苗枯心，需坚持能拌种就不喷药，能苗前施药就不苗后施药的原则，重在预防。如黑麦秆蝇危害，等发现症状就已错过了最佳防治时机。播前，种子要用既可防治地下害虫，又可防治地表与地上害虫的内吸性杀虫种衣剂二次包衣，如吡虫啉＋氟虫腈、噻虫嗪＋溴氰虫酰胺。苗前，尤其是夏玉米田，要全田喷施一次杀虫剂，杀灭上茬遗留害虫；田边地头和水沟上的杂草要及时处理。

需注意的是，种子包衣防治虫口密度小、分散危害的地下或地表害虫时效果较好，但在二点委夜蛾大发生年份，种子包衣防治二点委夜蛾及保苗效果并不理想。二点委夜蛾大发生时，每株玉米周围可有虫 3~5 头，甚至更多，而包衣防治，是以幼苗被咬食为前提，苗被害为代价，虫、苗同死。防治二点委夜蛾，应将重点放在成虫防治和破坏其栖息环境上；防

治幼虫，容易错过最佳防治时机，且喷雾防治效果差。用毒土、毒饵、全田灌药等措施防治，费工费事，成本高，这些只适合作为补救措施。夏玉米播种时扰动麦秸，若见许多蛾子从麦秸中飞出，这些虫蛾基本都是二点委夜蛾或近似种，此时就必须采取预防措施。最好用具有清垄、喷药功能的播种机播种（图2-27）；播种时，清除播种行麦秸（图2-28），喷施氯虫苯甲酰胺或溴氰虫酰胺，两药是防治二点委夜蛾成虫的首选药剂。麦收后将麦秸打捆清出田间销售（图2-29），

图2-27　具清垄、施药功能的播种机

不仅显著降低二点委夜蛾危害，也益于提高播种质量，增加收入。苗后要随时调查田间幼苗被害情况，当地下与地表害虫危害严重时，马上采取撒毒土、毒饵或全田灌药等措施补救。

图2-28　具清垄功能播种机播后效果

大螟属鳞翅目害虫，用氯虫苯甲酰胺、溴氰虫酰胺等对鳞翅目高效的农药喷防。弯刺黑蝽属半翅目害虫，播前可用吡虫啉＋氟虫腈种子包衣防治，生长期间可用2.5%溴氰菊酯乳油或5%高效氯氰菊酯乳油2 000倍液喷防。干旱年份，当杂草都因旱枯黄时，往往也是农田黑麦秆蝇、蓟马、灰飞虱、叶蝉等偏重发生年份，因为此时只有已出苗的作物最可口。2019年河北夏玉米苗期干旱，黑麦秆蝇重发，一些地块被害株率达7%～19%，但用噻虫嗪或噻虫嗪＋溴氰

图2-29　麦秸打捆

虫酰胺包衣种子地块被害株率不足1%。没有采用种子包衣防治的，播后应及时喷施吡丙醚＋甲氨基阿维菌素苯甲酸盐，该配方对双翅目、缨翅目、鳞翅目及部分鞘翅目害虫均有效。

<h1 style="text-align:center">第四节　除草剂药害</h1>

是除草剂就会产生药害，且绝大部分选择性药剂有效用量与致害量相差不大，施用不当就会出现问题；一些高残留药剂对当季作物可能危害不重，但对下茬作物却是致命的。施用时期、施用方法、兑水多少、是否及时清洗施药器具等都是影响除草剂安全使用的因素。在叶上，内吸传导性差的触杀型除草剂药害，一般为边界明显的枯死斑；具内吸传导性的药剂药害，常一片或数片叶整叶受害，或心叶症状明显，或受害区域无明显边界，受害区至非受害区症状由重到轻呈渐变状。

一、播后苗前化学除草引发药害

除了用氟乐灵、二甲戊灵播后苗前化学除草会引发药害外，用玉米专用的苗前封闭型除草剂也可导致药害。早期玉米苗前封闭型除草剂多是酰胺类与三氮苯类复配制剂，复配后均半量使用。酰胺类药剂代表品种有甲草胺、乙草胺、异丙甲草胺、精异丙甲草胺、异丙草胺、丙草胺、丁草胺等，一些品种可单独使用。三氮苯类代表品种有莠去津、西玛津、特丁津等，该类药剂普遍半衰期长，一般不单独使用。二苯醚类除草剂乙氧氟草醚、三唑并嘧啶磺酰脲类唑嘧磺草胺、有机杂环类异噁唑草酮等都可单独用于玉米封闭除草，也可与酰胺类和三氮苯类复配、减量使用。上述药剂部分品种导致药害多是因单独使用时用量大或土壤、气候条件不适宜。硝磺草酮主要用于苗后化除，用于苗前封闭除草，也可导致药害；封闭型除草剂掺混灭生性除草剂，使用不当也会造成药害。

（一）酰胺类除草剂药害

酰胺类除草剂主要用于防治禾本科杂草。超量施用，在有机质含量低的沙质土壤上不减量施用，高温下施用或施药后遇雨、种子接触到了药剂，以及遇长时间低温天气均可能出现药害。此类除草剂药害主要是抑制根与幼芽生长，造成幼苗矮化畸形（叶片拧曲、皱缩、变短变宽，外叶与心叶扭卷缠绕、心叶展开不畅），有时还伴有基部底叶叶尖、叶缘坏死。该类药剂不同品种药害症状基本相近（图2-30）。

图2-30　甲草胺、乙草胺、异丙甲草胺药害（左起排序）

（二）二苯醚类除草剂药害

二苯醚类除草剂代表品种是乙氧氟草醚，用于防除阔叶杂草，为触杀型药剂，易淋溶；有苗前喷施为选择性药剂，苗后早期喷施为灭生性药剂之说，玉米主要通过胚芽鞘与中胚轴吸收该药。高温、高湿条件下施药会影响出苗。若重喷、用药量大，施药后田间积水，或施药期晚、出苗时才施药，都可造成危害。药害轻的，第一、二片叶叶尖和叶缘中毒坏死，第三片叶垂肩部位有灼烧状坏死斑；重的第一片叶卷裹枯死，紧包心叶，使以后新生叶难以展开（图2-31）。苗后，受该药飘移危害，玉米嫩叶叶尖或垂肩部位先开始失绿、卷曲枯萎，并向下扩展，严重时，全叶白枯。

图2-31　乙氧氟草醚药害

（三）三唑并嘧啶磺酰脲类除草剂药害

三唑并嘧啶磺酰脲类除草剂代表品种是唑嘧磺草胺，播后苗前喷施，化除阔叶杂草。在重喷、土壤pH＞7.8或低温高湿条件下施药，容易出现药害（图2-32）。症状主要表现为植株矮缩、长势弱，叶色变浅黄、出现黄绿相间条纹，下部叶片叶尖、叶缘枯死，严重的下部叶片全枯。该药为长残留药剂，尤其在酸性土壤上残留期很长，施用后2年内不能种植大多数阔叶作物，计划轮作倒茬的地块不可用。

图2-32　唑嘧磺草胺药害

（四）三酮类除草剂药害

三酮类除草剂代表品种是硝磺草酮，主要用于苗后化除。国外也有将之与其他药剂复配、用于苗前的产品，如先正达的Lexar和Lumax，前者配方为硝磺草酮2.44%、精异丙甲草胺19.00%、莠去津18.61%，后者配方为硝磺草酮2.94%、精异丙甲草胺29.40%、莠去津11.00%。用上述配方封闭除草，除对野稷防效一般外，对旱田多数一年生杂草有较好防效。硝磺草酮播后苗前施用，会使刚出土幼苗叶片整体或局部失绿黄白化（图2-33），一般可恢复正常。

图 2-33 苗前施硝磺草酮药害

（五）灭生性除草剂药害

草甘膦、草铵膦等灭生性除草剂理论上都可播后苗前喷施，却非百分之百安全。有两种情况可使这类药剂播后苗前施用造成危害：一是播后遇数日降雨，迟滞了施药期，等临近出苗时才施药，或者施药后马上降雨（灌水），就容易造成药害，尤其是内吸传导性强的草甘膦，尽管其活性会在土壤中很快被钝化，但使用不当就可能出现问题。二是有的厂家为增加对已出苗大草防效，将灭生性药剂当作隐性成分添加至封闭型产品中，使用者在不知情情况下，临近出苗至出苗早期喷施，造成药害。单纯的酰胺类与三氮苯类合剂，临近出苗或刚出苗时施用问题不大，但若添加了其他成分，就会出问题。将灭生性药剂以"隐性"成分加入封闭型产品中，等于给生产埋下了隐患。近年来，在农药中添加其他成分或在化肥中添加杀虫剂、生长调节剂后不按农药进行登记的情况时有发生，这样的行为违法。

20世纪90年代，河北省在夏玉米上曾推广过"一封两杀"技术。用乙·莠合剂封闭地表；加喷杀虫剂杀灭麦田遗留害虫，尤其是灰飞虱和蚜虫，防控病毒病；酌情加喷百草枯（现已禁用）防治已出苗大草，是否添加灭生性除草剂，要根据大草发生情况和施药时间而定。通常，上茬小麦因故群体稀疏（图2-34），小麦免耕播种时行距过大，或者上茬种植矮秆作物大蒜（图2-35）、洋葱等，冠层光截获少、漏至地表的光多，大草发生都会较重。

封闭型除草剂添加草甘膦引发的药害，有的先是红苗或叶色橙黄，之后叶片从叶缘开始褐色枯萎；也有的先是心叶基部或茎基

图 2-34 大草较多的麦茬地

图 2-35　蒜田（赵秀萍提供）

部软腐，下部叶片早枯。可通过观察马唐、牛筋草等禾本科杂草叶色来判断田间是否用过草甘膦，如果这些禾本科杂草叶片呈暗紫红色（图 2-36），就应是施用过。单施莠去津化除，大剂量时也可致禾本科杂草叶色呈紫红色，但色浅；烟嘧磺隆也致马唐叶片呈浅紫红色（图 2-37），注意甄别。

图 2-36　草甘膦药害

图 2-37　烟嘧磺隆对马唐药害

二、苗后化学除草引发药害

苗后化除，不可避免将药液喷至苗上，发生药害的概率自然就高。用药品种、操作细节、浓度、药量、用药时机、配施药剂种类乃至种植品种和施药时气象条件都会影响安全性。国内先后登记上市的玉米苗后除草剂有磺酰脲类的烟嘧磺隆、砜嘧磺隆、噻吩磺隆，三酮类的磺草酮、硝磺草酮，吡唑啉酮类的苯唑草酮等，还有上述药剂与三氮苯类、苯氧乙酸类和芳基羧酸类的复配制剂。这些药剂有的本身安全性就较差，有的药害则是由技术操作问题所致，目前施用面积最大的当属烟嘧磺隆、硝磺草酮、苯唑草酮及其与三氮苯类药剂的复配制剂。

（一）磺酰脲类除草剂药害

1. 烟嘧磺隆　烟嘧磺隆（玉农乐、SL950）系日本石原株式会社研发、最早进入国内的苗后除草剂，该药大剂量施用、高温下施药、施药晚（7～8 叶后，图 2 - 38）、与有机磷杀虫剂混施、施在敏感品种上均会产生药害。药害症状多样，普通品种常见的有心叶黄化；叶片着药部位褪绿，出现条纹和黄白化斑，白斑处叶肉变薄、呈膜质化透

图 2 - 38　烟嘧磺隆施药期过晚

明或枯死；心叶皱缩、卷曲，展开不畅；植株粗矮，分蘖增多等（图 2 - 39）。

图 2 - 39　烟嘧磺隆药害症状

国内有诸多品牌的烟嘧磺隆与三氮苯类除草剂的复配产品，一些产品若再将酰胺类药剂如甲草胺、异丙甲草胺混配其中，或者助剂使用不当，还会产生致心叶叶尖、叶缘局部枯死的触杀型药害，近似尿素施入心叶形成的"烧叶"症状（图2-40）。莠去津本身对玉米也有触杀性药害，可使叶尖、叶缘失绿枯萎。

图2-40　某烟嘧·莠去津产品"隐性"成分致害症状

2. 砜嘧磺隆与噻吩磺隆　砜嘧磺隆、噻吩磺隆是两个苗后施用安全性差的药剂。两药最初登记上市时均要求苗后4叶前施药，在有机质含量低的沙质土、低洼湿地、高pH碱性土及高温下施药、施药期偏晚均易产生药害。砜嘧磺隆药害接近烟嘧磺隆，只是导致的膜质化透明症状等更严重（图2-41），将其以隐形成分加入烟嘧·莠去津中混施，可致敏感品种着药的一片心叶呈紫红色（图2-42），重的心叶腐烂坏死。噻吩磺隆导致的药害，除叶片膜质化透明外，还可致叶上出现紫斑及叶斑病状坏死，重者心叶变黄、心叶基部腐烂、枯死，主茎生长点严重受抑、发生异常分蘖等（图2-43）。两药均不宜在玉米上非定向施用。

图2-41　砜嘧磺隆药害

用磺酰脲类除草剂苗后化除，均不得与有机磷农药掺混，如与毒死蜱混施，会导致幼苗通体紫红，直至死苗；施用烟嘧磺隆前后1周内不得喷施有机磷杀虫剂。不同玉米品种对磺酰脲类除草剂敏感性不同，普通玉米杂交种多不敏感，自交系、甜糯及爆裂玉米需慎用。不同敏感性的品种因磺酰脲类除草剂导致的药害症状各异，可呈现红苗、黄苗、抑制生长、死苗等。图2-44为一甜玉米品种施烟嘧磺隆后出现的红苗症状，之后受害苗全部枯死。20世纪90年代初北京市农林科学院育成品种京早11是对烟嘧磺隆非常敏感的普通杂交种，施用烟嘧磺隆后，叶片褪绿，叶色橙黄。中科11也是对烟嘧磺隆较敏感的品种，河北赞皇一农户将中科11与浚单20按行数2∶1间作，喷施烟嘧磺隆后，浚单20未受影响，中科11长势明显受抑（图2-45）。磺酰脲类除草剂有蹲苗作用，合理使用，可提高抗倒力。

图 2-42 砜嘧磺隆＋烟嘧·莠去津药害

图 2-43 噻吩磺隆药害

图 2-44 对烟嘧磺隆敏感的甜玉米　　图 2-45 烟嘧磺隆对中科 11 影响
　　　　受害初始症状　　　　　　　　　　　（中间两行）

（二）HPPD抑制剂类除草剂药害

三酮类的硝磺草酮、磺草酮、环磺酮，有机杂环类的异噁唑草酮及吡唑啉酮类除草剂苯唑草酮等均属HPPD抑制剂类药剂，可抑制类胡萝卜素合成，干扰叶绿体形成及功能，玉米受害的典型症状是心叶白化，甚至整株白化。

1. 三酮类除草剂　硝磺草酮虽是应用最普遍的三酮类苗后除草剂，但施用问题较多。①其安全性并不高，不采用二次稀释法、药液摇拌不均、用药量大或重喷，都会造成心叶白化（图2-46）；②该药杀草谱较烟嘧磺隆窄，对马齿苋、自生麦苗（图2-47）、牛筋草、狗尾草、萹蓄、打碗花、刺儿菜、野生高粱等杂草防效一般甚至无效，需与莠去津等复配施用；③对4～5叶后大龄杂草（尤其是禾本科杂草）防效不理想，杂草有返绿现象，致死性差；④有损玉米抗倒伏能力，施药后，玉米基部节间伸长，穗位增高，倒伏率比人工除草处理增加2倍以上。图2-48为一株喷施了硝磺草酮后的落粒高粱，尽管心叶白化，但随着时间推移，再长出的心叶恢复绿色，正常结实。烟嘧磺隆则对野生高粱有较好防效。

图2-46　硝磺草酮药害

图2-47　硝磺草酮对杂草防效　　　　图2-48　施硝磺草酮后的落粒高粱

三酮类除草剂另一代表品种是磺草酮，其药害重于硝磺草酮，除草活性也远不及硝磺草酮，不仅可使叶片白化，还会致局部褐枯坏死（图 2 - 49）；受害株茎叶缩短，植株矮小。

图 2 - 49　磺草酮药害

　　2. 吡唑啉酮类除草剂　吡唑啉酮类除草剂苯唑草酮导致的药害也是心叶白化，但与烟嘧磺隆、硝磺草酮相比，安全性高，生产上罕见药害，可用于甜、糯等特用玉米及自交系田化除。

　　3. 有机杂环类除草剂　玉米上用的代表品种是异噁唑草酮，属内吸传导性土壤处理剂，不仅有单剂产品销售，其复配制剂也发挥着重要作用，但即便配施安全剂环丙磺酰胺或对异丙基甲苯磺酰胺，苗后尤其 2 叶期后施药，都可导致药害，轻者叶缘变黄变白，叶片出现纵向黄白条纹；重者叶片、叶鞘完全白化，白化后逐渐变褐干枯（图 2 - 50），植株生长停滞或枯死。

图 2 - 50　异噁唑草酮药害

三、前茬除草剂残留引发药害

（一）麦田除草剂残留药害

　　在小麦-玉米两熟区，小麦起身期喷施高残留除草剂甲磺隆、氯磺隆都会对下茬玉米产生药害，症状与在玉米上错施苯磺隆相近。2015 年 12 月 31 日起，甲磺隆和氯磺隆已禁止销售与使用。图 2 - 51 为河北鹿泉一农民在玉米上喷施苯磺隆后田间表现：一是出苗

困难；二是心叶团缩、展开不畅，或叶片变短小；三是叶鞘、叶脉紫红，甚至整个叶片紫红，随后早枯；四是叶片褪绿，出现黄绿相间条纹；五是植株矮化畸形，根系减少。在玉米上错施了其他抑制 ALS 酶（乙酰乳酸合成酶）的除草剂甲基二磺隆、氟唑磺隆、双氟磺草胺等，也会造成红苗、黄苗、叶缘干枯，直至死苗。

图 2-51　苯磺隆药害

在玉麦两熟区，麦田除草也不宜施用"阔世玛"（甲基二磺隆与甲基碘磺隆钠盐复配制剂），尤其是春施，甲基碘磺隆钠盐半衰期长，对下茬玉米、大豆、花生等均可产生残留药害，但在稻麦两熟区可用。吡氟酰草胺麦田春施，残留药害可致玉米、水稻叶片白化。近年来，为解决麦田禾本科杂草危害日趋严重问题，有人选育了抗吡唑啉酮类除草剂小麦品种，并宣传推广。吡唑啉酮类除草剂多是长效高残留药剂，抛开是否在小麦上登记不谈，麦季施用后，若下茬种植的不是抗除草剂作物或品种，很容易导致事故。

（二）豆田除草剂残留药害

大豆上有不少长效高残留除草剂品种，在春播区，若上茬大豆施用了这些药剂，且用量较大时，会对翌年播种的玉米造成危害。

异噁草松是春播大豆广泛使用的除草剂，亩用有效成分＞55 克之后，种马铃薯、甜菜、高粱需间隔 9 个月，种玉米需间隔 12 个月，种小麦、大麦、亚麻、谷子、向日葵、洋葱、茄子、白菜、萝卜、胡萝卜、结球甘蓝需间隔 16 个月。其残留致玉米受害，轻者心叶变黄，或呈现黄绿相间条纹，或叶上出现大块失绿白斑，重者叶全白（图 2-52），干枯死苗；出苗期间降雨会加重危害。

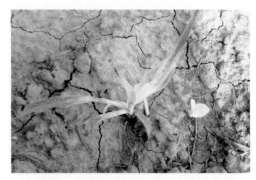

图 2-52　异噁草松残留致玉米受害田

上年大豆亩施氯嘧磺隆有效成分 0.6 克，来年就可对玉米生长产生抑制作用；施用有效成分≥1.1 克/亩，15 个月内不能种玉米；东北地区大豆播后苗前施用有效成分一般在 1～1.5 克/亩。玉米中氯嘧磺隆残留药害后，轻的叶色变浅，基部叶片边缘失绿，出现较宽的黄条纹，主根、侧根变短，重的下部 1～2 叶早枯，生长停滞，叶片黄化。

在豆科作物上可施用的咪唑啉酮类除草剂不少，如咪唑喹啉酸、咪唑乙烟酸、甲咪唑烟酸（用于花生田化除）和甲氧咪草烟等，这些都是长效高残留药剂。上年豆田施用了咪唑乙烟酸，下年只能种植大豆、菜豆和花生等，不能种植玉米等禾本科作物；玉米受其药害，症状表现为叶片变短，褪绿发黄或呈黄绿条纹状，苗基部膨大，严重时苗枯。氟磺胺草醚和嗪草酮（图 2-53）残留期也较长，如果豆田计划下茬种冬小麦或来年倒茬种玉米，都需慎用。众多长效高残留药剂在春播作物上登记，已成为春播区实施轮作倒茬的一个障碍。

图 2-53 嗪草酮药害

近年来，一些非耕地用除草剂陆续上市，如咪唑烟酸、甲嘧磺隆等，这类药剂普遍具有灭生、长残留特点，严禁用于农田。河北正定一在车站打工的农民将甲嘧磺隆用于农田，导致农田一年多不能种植农作物。

四、不清洗施药器具引发药害

用同一施药器具在其他作物上施用了除草剂后，不清洗就用于给玉米施药，器具中残留药液就会对玉米造成伤害。此种药害，伤害范围视残液多少而定，表象多是地头重、里边轻。但如果器具中残液较多，兑药时药液摇拌又均匀，则施过这桶药的玉米都可能受害（图 2-54），只是因稀释作用，药害轻些。在村级农资经销商免费提供公用喷雾器的地方，这种事故常发。

图 2-54 灭生性除草剂残液致玉米受害

（一）灭生性除草剂药害

1. 草甘膦　器具中残留草甘膦造成的药害，死苗缓慢。初期可见玉米幼苗叶、鞘紫红色（图2-55），或茎基部软腐，幼苗倒伏（图2-56），也有心叶基部软腐或轻度烂枯的，心叶轻度烂枯可致心叶展开不畅（图2-57）。器具中残留有机磷农药毒死蜱或烟嘧磺隆，再喷施烟嘧磺隆或有机磷农药时，也可造成幼苗紫红色，但不会出现茎基部或心叶基部软腐。

图2-55　草甘膦致红苗　　　　　　图2-56　草甘膦致茎基部软腐倒伏

2. 百草枯和草铵膦　百草枯和草铵膦均为破坏叶绿体的除草剂，可直接导致叶枯。

内吸传导性差的百草枯施在叶片上，2～3个小时就能使着药部位变色，可造成大量灼烧斑，着药多的叶片会整个枯死（图2-58）。这种情况虽多不致植株死亡，但严重影响产量。百草枯对人高毒，饮者无药可解，百草枯水剂已于2016年7月1日停止在国内销售和使用。

图2-57　草甘膦残液致心叶展开不畅　　图2-58　百草枯残液药害

草铵膦能在植物地上部韧皮组织中传导，玉米受害后叶片少见灼烧斑，轻者3天后着药的心叶会失绿变黄，展开叶与即将完全展开叶的叶尖、叶缘枯萎，重者苗枯（图2-59）；未死株可心叶返绿（图2-60），但长势明显受抑。

大豆防阔叶杂草的除草剂氟磺胺草醚、乙羧氟草醚喷在玉米上，也会使着药部位叶枯（图2-61）。有的枯斑似细菌性叶斑病。

图 2-59　草铵膦残液药害

图 2-60　草铵膦轻度药害后返绿

图 2-61　氟磺胺草醚药害

（二）阔叶作物防禾本科杂草除草剂药害

若施药器具之前喷过阔叶作物防禾本科杂草的除草剂精喹禾灵、氟吡甲禾灵、烯禾啶等未清洗，造成玉米受害的常见症状是心叶基部软腐坏死，心叶很容易抽出（图 2-62），也有的茎基部软腐，茎基部软腐苗最后都会发展成叶片脱水萎蔫（青枯状）及整株枯死（图 2-63）。

图 2-62　心叶基部软腐　　　　　　　图 2-63　精喹禾灵致幼苗枯死

五、解决对策

原则上讲，有合适的除草剂产品，能苗前施药的不苗后施药。苗后施药，多存在机械毁苗与药害问题，且苗后化学除草与人工除草相比，都会造成减产。

不同除草剂均有适宜的施药时期与用量，使用前应仔细阅读产品包装上的使用说明，了解注意事项，严格按要求作业。要足量兑水、适期施药，施药期过早或过晚，既影响除草效果，还可能产生药害。除草剂有效用量与产生药害的量都很接近，不得刻意多施或重喷。有的除草剂在土壤中残留时间长、不易分解，连年施用有累积作用，对倒茬作物不安全，不同种类药剂交替使用或复配减量施用为佳。在有机质含量高的黏土地上，多数药剂需酌情增加用药量，瘠薄沙土地须酌情减少用药量。

所有药剂兑水时都应采用二次稀释法，且摇拌均匀，亩施兑水药液不低于 25～30 千克。施药器具使用普通喷头的，当风速超过 3 米/秒时不宜施药，以免产生浪费和飘移药害。空气注入式扇形喷头在防飘移上效果较好。打药车喷头型号要一致，更换时要留意喷头型号；最好 2～3 个喷头为一组、组间并联安装，不可全部串联，防止喷头间因出药不均产生药害或影响施药效果。

施药前后均应用碱水清洗施药器具，施药后剩余药液或洗刷液，不能随意乱倒，要妥善处理。基层农资经销商提供的公用喷雾器，最好专药专用，不可乱用。

计划用酰胺类与三氮苯类混剂封闭除草地块，因故未能及时施药，胚芽鞘已近露土或已出苗，不宜再封闭除草，等苗后化除。

苗后化除，选用苯唑草酮较为安全，在甜糯玉米及自交系上均可施用。普通玉米品种还可选用添加双苯噁唑酸或环丙磺酰胺等安全剂的烟嘧磺隆（图 2-64），磺酰脲类除草剂还可与氨基酸类叶面肥如"叶佳美"混喷，降低药害效果也很好。

图 2-64　烟嘧磺隆加安全剂（右）防药害效果

　　喷施烟嘧磺隆，要尽量避免将药液喷至喇叭口中，避免在午间高温下施药，施药时间应掌握在早 10 时以前、下午 4 时之后。高温干旱年份施药，一定要保证用水量，掌控好药液浓度。要在杂草进入 2～4 叶时施药，此时施药，大部分杂草已出苗，且对除草剂敏感度较高；而杂草进入 5～6 叶期后，开始分蘖或分枝，抗药性增加，药效降低。增加用药量，不但增加成本，也容易产生药害，药效还不一定理想。玉米 2 叶期前，苗小体弱，对外来不利因素抵抗力差；7～8 叶期后生长迅速，对除草剂敏感度也会增加，且喇叭口大，易储留药液；应避免在玉米 2 叶期之前或 7～8 叶期后施药，否则都容易产生药害，包括一些影响玉米正常生长的隐性药害。7～8 叶期后，只适合对杂草定向喷雾。

　　磺酰脲类除草剂不可与有机磷农药混用。对磺酰脲类药剂敏感的品种，种业公司应给出风险提示；自交系繁育、制种田和特用玉米田慎用磺酰脲类除草剂。对磺酰脲类除草剂敏感的性状受隐性基因控制，故自交系用这类药剂的安全性远低于杂交种。

　　莠去津等半衰期长的三氮苯类药剂，在两熟区不可苗后单独全量施用，原因一是对禾本科杂草防除效果较差（图 2-65），尤其是 4 叶龄后禾本科杂草；二是易对下茬作物产生残留药害。含这类药剂的复配制剂，也不宜重喷或拔节后二次施药。冬前麦田有条带状死苗现象的，多与这类药剂残留有关（图 2-66）；二次施药时有草处多喷，无草处不喷，也可造成黄弱苗及死苗在麦田点片分布。受害麦苗叶色发黄，有的基部变褐坏死，或分蘖节膨大呈"蒜头状"（图 2-67），分蘖发生晚且少。三氮苯类药剂中，特丁津与莠去津相比，对马唐、稗、马齿苋、反枝苋的活性高，且对一年生阔叶杂草杀草谱广，残留期较短，安全性好；从对一年生阔叶杂草的化除效果和对下茬作物残留药害方面考虑，施用烟嘧·特丁津优于烟嘧·莠去津。

　　计划轮作倒茬、种玉米的地块，上茬作物严禁施用对玉米有害的长效、高残留除草剂。发生除草剂药害后，以生长受抑为主的，可通过浇水，喷施芸薹素内酯、"碧护"、氨基酸类叶面肥或相应的解毒剂来缓解药害，死苗严重的及时毁种。

图2-65 苗后单施莠去津的除草效果（董志强摄）

图2-66 玉米除草剂残留对小麦危害

图2-67 莠去津残留对小麦危害

第五节 化学除草失败

一、化学除草失败的原因

（一）土壤墒情不足

无论封闭化除，还是苗后化除，多数药剂均要求土壤湿润。采用酰胺类和三氮苯类复配制剂封闭除草，足墒才能使杂草发芽快而齐，并及时接触到药膜，发挥药效，时间一久，药失效或药膜被破坏后杂草才萌发，除草效果自然不理想。用"爱玉优""零天化除"，即便播种前后降雨，施药时若亩兑水仅25千克，施药后也必须灌水，虽然有的年份麦收前后降雨能保证出苗，但因土壤失墒很快，杂草不一定出全，待药失效后部分杂草才出苗，肯定除草效果差。采用苗后茎叶处理剂，只有足墒使杂草出全后施药，除草剂能直接喷到草上才有效。

（二）兑水少、漏喷

用常量喷雾器喷施化学除草剂，要求亩施药液25～30千克，亩施药液仅15千克、甚至更少，往往导致漏喷，使未着药的地方杂草丛生，着药的地方在田间呈"之"字形分布。另外，往返施药时忘记前边已施药界限，搭茬不严、漏喷，长草处呈条带状分布（图2-68）。

（三）用药品种和用药量不当

用药不当主要有 3 种表现，一是不根据地块选择合适的施药时机及药剂，当播前出苗大草较多时仍坚持苗后化除，不在播前施用灭生性药剂。二是不根据耕地类型选择合适的除草剂并调整用药量。在耕翻过的春白地上，选用酰胺类和三氮苯类复配制剂封闭除草多问题不大，但在铁茬直播夏玉米田用这类药剂，由于还田秸秆遮挡，喷于地表的药液不足 30％，不仅使除草效果打折扣，雨季药膜破坏后还常需二次除草；在有机质含

图 2 - 68　漏喷除草剂

量高或质地黏重的耕地上施用封闭型药剂，有机质和黏土颗粒对药剂有吸附作用，需酌情增加药量，以推荐用药量下限施药，效果也会不理想。三是选用的除草剂杀草谱与田间杂草群落优势种不吻合。每种选择性除草剂都有其杀草谱，像烟嘧·莠去津对苘麻、铁苋菜、鳢肠、小酸浆、马泡、野西瓜苗、牵牛、卷茎蓼、龙葵等一年生杂草及莎草、鸭跖草、刺儿菜、萝藦、打碗花、田旋花等多数宿根性杂草（图 2 - 69）仅有抑制作用，用烟嘧·莠去津化除上述杂草，效果较差。曾见一种粮大户用硝磺·莠去津化除满地的打碗花（图 2 - 70），施药后只可使打碗花部分叶片白化，对生长仅有短暂的抑制作用。

图 2-69　烟嘧·莠去津防效差的部分杂草

a. 苘麻　b. 铁苋菜　c. 鳢肠　d. 小酸浆　e. 马泡　f. 圆叶牵牛

g. 野西瓜苗　h. 鸭跖草　i. 卷茎蓼　j. 刺儿菜　k. 萝藦　l. 香附子

图 2-70　用硝磺·莠去津化除打碗花的玉米田

(四) 用药时机不当

苗后除草剂要求掌握恰当的时机施药，用药早，杂草尚未出全，除草效果不会理想；用药晚，杂草已长大，抗药性增强，除草效果也会降低。烟嘧磺隆、硝磺草酮、苯唑草酮都推荐在杂草 2~4 叶期施药，历时约 1 周，时间有限。一些经营规模大的农户，全部依赖苗后化学除草，常使部分地块错过最佳时机；适宜化学除草期间降雨也会耽误及时用药。播前已出苗杂草较多，不在播前或苗前喷施灭生性药剂，仍坚持苗后化学除草，都会使杂草失控。

多数宿根性阔叶杂草，最佳防治期在耕地休闲期间或麦收之前；而对于芦苇、狗牙根、白茅等多年生禾本科杂草，两熟区无论在麦季还是玉米生长季节，只要种植的不是抗除草剂品种，都没有合适药剂可选，想要化除需轮作倒茬或改变种植制度。

雨前用药，用药时间与降雨时间要保证间隔 12 小时以上，不足 12 小时，化学除草效果也会受影响。

(五) 杂草出现抗药性

长期单一施药，必导致非敏感杂草物种危害地位上升，还会使以敏感个体为主的杂草种群逐渐被抗性个体替代而表现出抗药性。据报道，截至 2016 年 3 月，全球已鉴定出 249 种杂草的 467 个生物型对 1 个或多个作用位点的除草剂产生了抗性，杂草对已知 25 个作用位点中的 22 个产生了抗性，涉及 160 余种除草剂。

自烟嘧磺隆、硝磺草酮上市以来，河北一直将其作为主要的苗后除草剂，尽管多数市售产品掺混了莠去津，提高了除草效果，迟滞了杂草抗药性出现，但杂草抗药性问题终是越来越突出。生产上最初用石原株式会社的烟嘧磺隆时，不仅对马唐、牛筋草、狗尾草、苋菜、落粒高粱等有较好防效，对苘麻抑制效果也可接受。如今，许多地方都出现了对烟嘧磺隆有不同程度抗性的马唐种群（图 2-71），苘麻也成为不少种粮大户农田中的主要杂草，对牛筋草的化除效果也在降低。

图 2-71　抗性马唐（已二次用药）

解决杂草抗药性问题的关键是除草剂更新换代，但遗憾的是近 30 年来，除草剂除草机理研发（新靶标的发现）和产品更新远不及杀虫、杀菌剂迅速。而随着杂草多重抗性的增加，仅凭现有产品掺混使用，解决问题的潜力有限。

二、解决对策

（一）因地施药

用传统的酰胺类和三氮苯类复配制剂封闭除草，较适用于一年只种一季玉米且墒情好、无宿根杂草的春白地，或毁茬夏播田。铁茬直播玉米，种植规模小的，可苗后化学除草为主；种植规模大的，尤其是上茬作物收获时落粒较多的地块，最好选用适宜药剂苗前化除。苗前化学除草为主，苗后为辅，是规模化生产简化农作环节的需要，也是预防苗后化学除草失败的需要。播前已出苗大草较多的地块，播前应先喷施草甘膦、草铵膦等化除大草，同时，已出苗宿根性阔叶杂草较多时加喷 2 甲 4 氯或氯氟吡氧乙酸等，以提高防效。春播或有机质高的地块，无论苗前还是苗后化学除草，均应适当增加药量。

（二）因草施药

玉米生长季节雨热同期，田间杂草种类繁多，仅河北夏玉米上至少有 85 种，隶属 25 个科，其中以禾本科杂草居多，18 种；其次是菊科，11 种。黄淮海夏播区玉米田中，禾本科杂草主要有马唐、牛筋草、狗尾草、金色狗尾草、狗牙根、虎尾草、狼尾草、稗、画眉草、早熟禾、芦苇、白茅、落粒高粱和自生麦苗等。危害最重、分布最广的当属前 3 种和自生麦苗，农田出现频率分别达 99%、81%、66% 和 100%。主要阔叶杂草有藜、马齿苋、苘麻、刺儿菜、打碗花、苋科杂草、莎草、萝藦、牵牛、龙葵、鳢肠、曼陀罗、铁苋菜、小酸浆、鸭跖草、苍耳、野西瓜苗、葎草等。要根据田间杂草群落优势种选择除草剂，并科学掺混用药、交替用药，以扩大杀草谱。

在市售除草剂中，无论封闭型药剂，还是苗后除草剂，多见酰胺类、磺酰脲类、三酮类、有机杂环类及吡唑啉酮类与三氮苯类的复配制剂。酰胺类、有机杂环类封闭型除草剂和三酮类、吡唑啉酮类苗后除草剂共同特点是虽可化除多数一年生禾本科杂草，却对自生麦苗基本无效，需与三氮苯类药剂掺混施用。苗期大量滋生自生麦苗必影响玉米长势

（图 2-72）。尽管三氮苯类的莠去津、特丁津等可杀死自生麦苗，对主要一年生阔叶杂草也高效，但对宿根性阔叶杂草防效差。磺酰脲类苗后茎叶处理剂烟嘧磺隆对大部分一年生禾本科杂草（包括自生麦苗、落粒高粱）和阔叶杂草高效，但即便掺混莠去津，对莎草、苘麻、铁苋菜、鳢肠、小酸浆、马泡等阔叶杂草和抗性马唐、狗尾草防效也一般；对以莎草、苘麻、铁苋菜、鳢肠、小酸浆等阔叶杂草为主的地块，可混施氯吡嘧磺隆。75％的氯吡嘧磺隆水分散剂亩用有效成

图 2-72 麦苗对玉米长势影响

分 3 克，该药残留期长，单施对禾本科杂草无效，对甜糯及爆粒玉米慎用；施药地块轮作豆科、茄科、十字花科、百合科、葫芦科蔬菜及向日葵等需间隔 9～18 个月。

（三）"玉草麦治"

打碗花、刺儿菜、萝藦、茜草、酸模叶蓼和鸭跖草等多年生阔叶杂草及一年生葎草（图 2-73）在河北 3 月下旬至 4 月上旬即可出苗，防治的最佳时机在麦季。麦收前 6 天之内，可用 2 甲 4 氯、氯氟吡氧乙酸、嘧草硫醚甚至草甘膦对杂草喷雾或定向涂抹；下茬种玉米地块，还可用 75％二氯吡啶酸 10～15 克/亩喷雾防治刺儿菜。此时用药，对小麦产量无显著影响。

二氯吡啶酸是激素类除草剂，对菊科、豆科中难防阔叶杂草刺儿菜、苣荬菜等高效。苗后施用，易产生药害，且残留期长。用后种植大豆、花生等需间隔 1 年，种植棉花、向日葵、西瓜、番茄、红小豆、绿豆、甘薯需间隔 18 个月；另外，该药对水生生物有毒。与丙硫菌唑一样，孕妇禁止接触该药，哺乳期妇女也禁止接触。

图 2-73 应麦季防治的部分杂草

a. 打碗花　b. 刺儿菜　c. 葎草　d. 酸模叶蓼　e. 鸭跖草　f. 萝藦

（四）多年生禾本科杂草化除

防治芦苇（图 2-74）、狗牙根（图 2-75）、白茅等多年生禾本科杂草，一年一熟区或麦季休耕田，作物整地播种前一周左右，全田喷施草甘膦；两熟制农田需将夏玉米改种成大豆等阔叶作物，在阔叶作物生长期间，喷施高效氟吡甲禾灵或精吡氟禾草灵，两药均对多年生禾本科杂草高效，对大豆等阔叶作物也安全，严重地块可连续施药 2～3 次。

图 2-74 芦苇严重危害田

图 2-75 狗牙根

（五）行间施药

田间封闭和苗后化除效果不理想时，可在玉米拔节后行间用草铵膦对杂草定向喷雾，喷雾器最好换用防飘移喷头，且安装防护罩，尽量不要将药液喷至玉米上，大风天勿施药。也可用苗后除草剂加量行间除草，但需注意两个问题，一是直接施用，除草效果不一定理想，最好添加砜嘧磺隆、草铵膦等；二是两熟区不宜用含三氮苯类等长残留药剂，防止危害下茬作物。行间除草是不得已而为之的措施，应尽量避免，它既不便于机械化作业，导致用工成本增加，还易造成药剂残留。

（六）农艺措施与化学除草相结合

改变种植制度与耕作制度，调整种植结构，轮作倒茬，再结合化学除草，是解决杂草危害最有效的措施。两熟区宿根性杂草重发、选择性除草剂又难化除的农田，应冬春季休耕，耕作制度暂改为一年一熟或两年三熟制，在休耕期间喷施草甘膦等药剂；一年生杂草

为主地块也可在杂草出苗后借整地灭之。作物生长期间彻底防除草害有诸多不便，休耕期间则不需有太多顾忌，休耕期间是防除各种恶性杂草的最佳时机。休耕不是撂荒，休耕地适宜化除时要保证土壤墒情，使杂草充分出苗；不得在杂草结实后才采取灭草措施；不得喷施非耕地用除草剂和对休耕结束后种植作物有害的除草剂。非休耕地块，调整种植结构、轮作倒茬，以增加除草剂品种选择余地；冬小麦-夏玉米田，将夏玉米换种成夏播大豆，在大豆生长期间喷施防禾本科杂草药剂，防治宿根性禾本科杂草就是依照这一思路。

在化除技术普及之前，耕翻和中耕是控制杂草的主要手段。春播区大部分农田现仍通过播前整地来保证播种质量、控制杂草，夏播区必要时也可毁茬播种，尤其在安装喷灌系统的地块上。夏播区毁茬播种，结合封闭除草，可有效控制已出苗大草及二点委夜蛾等害虫危害。据试验，夏玉米播前旋耕整地较铁茬直播增产（同期播种），但增产的效益与旋耕两遍机耕费相当；畦灌蒙头水时，灌水时间长，耗水量大。夏玉米毁茬播种可作为一些特殊地块和积温充足地区控制杂草及二点委夜蛾危害的备选方案。

适当缩小种植行距、合理密植对杂草滋生也有显著抑制作用。大行距种植、缺苗断垄严重，导致冠层光截获少、漏至地表的光多，杂草受光充分，必茂盛生长。在正常密度下，40厘米左右行距种植与80厘米左右行距种植相比，杂草鲜重与株数降低64％～85％。

第六节　苗　枯

一、苗枯的原因

除了除草剂药害、劣质肥害可引起苗枯外，病虫害、冻害、淹水、污灌、干旱、日灼、土壤重度盐碱化等均可引起苗枯。

（一）病害致苗枯

病害引起的苗枯主要由苗期根腐病和茎基腐病引起，可使下部叶片提早枯萎，形成弱苗，严重的也可导致死苗。苗期根腐病和茎基腐病可由多种镰孢菌、腐霉菌、立枯丝核菌、平脐孺孢菌等单独或复合侵染引起。根腐病最初侵染部位常见于地中茎与初生根（图2-76），茎基腐病的侵染部位在分蘖节内部，分蘖节纵向剖开后可见组织褐变（图2-77），发病严重的拔节后也可见节处褐变。

图2-76　苗期根腐病

图2-77　苗期茎基腐病

不同类型品种感根腐病或茎基腐病后，苗期地上部初始症状不同。黄改系列品种感病后苗黄弱，叶片黄枯先从下部的叶尖、叶缘开始，类似缺钾（图2-78）；美系品种感病后先是叶鞘、叶片现不正常紫红（图2-79），似缺磷，后才自下而上出现枯萎症状。需注意的是土壤盐碱化、缺磷、低温冷害、除草剂药害、有害物质对灌溉水和土壤污染以及蓟马危害，均可使幼苗异常发红；有的叶鞘、叶片紫红为品种特征，注意甄别。地中茎单纯感根腐病（非经虫害伤口侵染），初期呈水浸状或失水萎蔫状、表皮皱缩。

图2-78　郑单958感根腐后症状　　　图2-79　先玉335感根腐后早期症状

（二）虫害致苗枯

　　地下害虫仅咬断地中茎（图2-80），使初生根丧失功能，虽多不致幼苗死亡，却可使幼苗长势显现病态，下部叶片早枯；地老虎、蝼蛄、蛴螬、二点委夜蛾等咬断茎基部会直接导致苗枯。

　　玉米苗期，地中茎表皮脆嫩多汁，是根系最容易被病虫危害而出问题的部位。在小麦-玉米两熟区，未种子包衣的幼苗根腐病感病率可达60%～70%，且绝大部分病株与地下刺吸式害虫危害有关，多先是地中茎或根系被麦根蝽、耕葵粉蚧危害造成伤口后，再被病菌侵染（图2-81）。地下刺吸式害虫危害不仅加剧了根腐病发生，危害严重地块也直

图2-80　蛴螬将地中茎咬断（董志平提供）　　图2-81　耕葵粉蚧对地中茎造成损伤

接造成叶枯或死苗（图 2-82）。

蓟马大发生时，先可导致红苗（图 2-83），任其危害可造成幼苗枯死。2013 年麦收前，河北多地早夏播玉米因蓟马危害，出现异常红苗并死苗，使不少地块毁种。

图 2-82　麦根蝽严重危害地块（右）　　　图 2-83　蓟马危害造成红苗（董志水提供）

（三）晚霜冻害致苗枯

春玉米遇晚霜冻，冬玉米遇冻雨并持续长时间低温，都可使已出土幼苗遭受低温冷害。轻度冷害可使叶尖、叶缘紫红，似缺磷（图 2-84）；中度冻害可使近地表处组织冻死（图 2-85），或使露出地表的叶片枯萎（图 2-86）；严重者导致死苗。

图 2-84　冷害致玉米叶紫红　　　　　图 2-85　冻害致近地表处组织冻死

图 2-86　冻害导致叶枯（刘军敏提供）

（四）高温灼伤致苗枯

高温干旱年份，夏玉米苗刚出土的幼叶贴近地表，叶尖、叶缘会被地面高温灼伤而干枯（图2-87）。受伤叶片通常为基部1～3叶，干枯部位多不及所在叶叶面积的1/4。一般受害株较少，在田间零星分布，不会形成大的危害。地膜玉米出苗后，不及时开孔放苗，膜下紧贴地膜的叶片也会被灼伤而枯萎。

图2-87　高温灼伤叶尖

（五）劣质肥害致苗枯

曾见一含有害杂质的黄色氯化铵肥料（有的生产厂家将这种氯化铵称为黄尿素、金尿素、黄金尿素，氯化铵本为白色）引起的肥害，也使下部叶片早枯、分蘖节内部及节处组织褐变（图2-88），症状与苗期茎基腐病极为相像。劣质肥害造成的多为全田症状，病害引发的呈点片分布。

图2-88　劣质肥害引起的茎基部与茎节褐变

二、苗枯的预防

（一）合理用药

苗期易发生根腐病、茎基腐病的原因有：缺乏抗病品种，特别是无抗腐霉菌的种质资源；持续小麦-玉米连作、秸秆还田，长期旋耕、犁底层浅、活土层薄；偏施氮磷肥，尤其是氮肥，施钾不足；未能有效防控地下刺吸式害虫；一些市售至夏播区的种子无杀菌剂包衣等。防控苗期根腐病、茎基腐病，应农艺农化措施结合、综合防控，不仅要选种抗病性相对较好的品种，用杀虫、杀菌种衣剂复合包衣，还应做好轮作倒茬、定期深松深翻、控施氮肥、增施钾肥等。单纯药剂防控，如用萎锈灵＋福美双或咯菌腈＋精甲霜灵种子包衣有效果，但不理想。

防控虫害引起的苗枯，需根据防治对象选针对性强的种衣剂二次包衣种子，以麦根蝽为主的地块，可选吡虫啉＋氟虫腈。早夏播玉米除了要防治地老虎等地下害虫外，还需防治蓟马、灰飞虱等地上害虫，宜用噻虫嗪＋溴氰虫酰胺种子包衣。苗期蓟马危害严重时，可选乙基多杀菌素或吡丙醚喷雾防治。

（二）适期播种

春玉米防冻害引起的苗枯，关键是掌握恰当的播期，并采用适宜的种植方式。晚霜冻害一般为平流霜冻或平流辐射型混合霜冻，冷空气多一扫而过。选择于"暖头寒尾"播种、保证出苗期在霜冻结束之后，起垄种植、种子播于垄上，可有效抵御这类冻害。低洼处冷空气滞留时间长、冻害重，"雪下高山、霜打洼"描述的就是这种现象。1988年在承德平泉的玉米育苗移栽试验中发现，移栽玉米容易冻死，定植于低洼处的玉米更容易冻死，定植于育苗池内（深约15厘米）的幼苗冻死率可达98％。采用地膜覆盖栽培也可有效防止晚霜冻害，但放苗需在霜冻结束之后。

1989年，河北开始推广冀中南地区春播鲜食玉米＋秋菜种植模式（图2-89），后又推广了一年两季鲜食玉米及青贮玉米栽培技术。在冀中南地区3月下旬播种的春玉米，容易遭受晚霜冻害，此时玉米生长点包裹在心叶内，可短时间耐受0℃以下低温，故晚霜冻害在多数年份不会导致死苗，但影响幼苗长势。在冀中南地区，最后一次晚霜冻多出现在4月上中旬，下旬后罕见（2020年4月21—24日出现晚霜冻害，最低气温—5℃），4月上旬播种的遇晚霜冻概率较小。

图2-89　春播鲜食玉米＋秋菜种植模式

第七节　苗期叶片展开不畅

基因缺陷致生长畸形、施用三氯乙醛（酸）污染的过磷酸钙、除草剂药害、高剂量大浓度喷施杀虫和杀菌剂、风雨雹灾、病虫害以及缺素均可使幼苗叶片展开不畅。

一、药害原因

可致叶片展开不畅的除草剂有多种。麦季施用甲磺隆、氯磺隆残留药害以及在玉米上错施苯磺隆，用氟乐灵、二甲戊灵进行土壤处理产生药害，超量喷施酰胺类除草剂甲草胺、乙草胺、异丙甲草胺及二苯醚类除草剂乙氧氟草醚，苗后喷施磺酰脲类除草剂烟嘧磺隆（图2-90）、砜嘧磺隆、噻吩磺隆及具有激素作用的除草剂2，4-滴、2甲4氯、氯氟吡氧乙酸等，均可致心叶展开不畅。

图2-90　烟嘧磺隆药害致心叶展开不畅

大剂量喷施醚菌酯＋高效氯氰菊酯，可造成心叶出现灼烧坏死斑，叶片局部变薄、膜质化透明，叶片残缺，下部叶片紫红、心叶腐烂、展开不畅，顶端生长受抑制及多分蘖等症状（图2-91）。

喷施高效氯氰菊酯＋毒死蜱，若不采用二次稀释法，喷雾器先加药后加水，药液未摇拌均匀，喷雾器最初喷出的高浓度药液在喇叭口内会灼伤心叶，致接触到药液的外层心叶腐烂、枯死，使再长出的新叶展开不畅（图2-92），幼苗畸形。

图 2-91　超量醚菌酯＋高效氯氰菊酯导致的药害

图 2-92　高浓度杀虫剂致心叶展开不畅

二、不良气候原因

暴风雨致上部较长叶片弯折并埋入泥中，会影响植株直立生长及心叶展开（图2-93）。雹灾致上部叶片损伤弯折，也会影响后续新生叶展开（图2-94）。

图2-93 风雨致心叶展开不畅　　　　　图2-94 雹灾致叶片损伤

三、病害原因

（一）瘤黑粉病

瘤黑粉病是玉蜀黍黑粉菌侵染引起的局部性病害，玉米苗后任何时候、地上任何部位都可感病，由风雨或昆虫携菌传播；苗期叶与叶鞘感病，会表现出叶片展开不畅（图2-95）。

（二）丝黑穗病

丝黑穗病是由丝轴黑粉菌系统侵染引起的病害，春玉米易发病；病菌以冬孢子在种子、病残体或土壤中越冬，翌年玉米播后至幼苗期遇适宜条件，病菌萌发侵入植株体内，并逐渐扩展到生长点，使全株带菌，多在抽穗后表现典型症状，生育前期发病，会导致各种畸形，其中就包括叶片展开不畅（图2-96）。

图2-95 苗期感染瘤黑粉病

图2-96 感丝黑穗病植株

（三）顶腐病

顶腐病是由轮枝镰孢菌亚黏团变种侵染引起的系统性病害，病株多表现为矮化畸形。有的心叶基部腐烂，叶片皱缩、不能展开（图2－97）。

（四）线虫矮化病

线虫矮化病2010年经国家玉米产业技术体系植保研究室确诊，由长岭发垫刃线虫侵染引起，春播区发生重，2012年河北涿州夏玉米上也曾发生。被害株叶片有的有黄色褪绿或白色失绿纵向条纹，或扭曲展开不畅；植株矮缩，顶端生长受到严重抑制，下部茎节膨大；根系不发达，新生气生根扭曲变形。剥开外部2～3片叶的叶鞘，大部分植株基部可见明显褐色病斑，病斑呈纵向扩展。再剥开1～2片叶，可见叶鞘和茎秆上有纵向或横向的组织开裂，似"虫道"状，

图2－97 顶腐病致叶片展开不畅（董力提供）

剖秆后观察开裂部组织能明显对合。部分发病大苗叶鞘边缘现锯齿状缺刻，少数大苗新长出的叶片顶端发生腐烂。

四、虫害原因

（一）蓟马

危害玉米的主要有禾蓟马、黄呆蓟马、稻管蓟马，均属缨翅目，前两种属于蓟马科，后一种属于管蓟马科。三种蓟马在全国各玉米产区都有发生，夏播区苗期主要是禾蓟马危害（图2－98）。蓟马在幼苗期危害才会对玉米产量造成严重影响，不同年份危害程度有较大差异。蓟马以成、若虫在心叶内刺吸玉米汁液造成危害（图2－99），被害株叶片上会出现成片的银灰色斑（图2－100），叶片褪绿发黄，部分叶片畸形、破裂、展开

图2－98 禾蓟马

不畅或扭成牛尾状（图2－101）。严重危害年份可使叶呈暗红色，直至死苗，造成毁种。

图2－99 蓟马在心叶危害

图2－100 蓟马造成的灰白斑

图 2-101 蓟马致叶片展开不畅

（二）黑麦秆蝇

在河北，高温干旱年份6月上中旬播种的及周边或田间草茂的玉米田易受黑麦秆蝇危害，常造成心叶展开不畅，卷缩心叶剥开后多有黏液或黏液遗留痕迹（图 2-102）；黑麦秆蝇危害还可造成叶片出现破损、纵裂、蛀孔、纵向失绿条纹及各种植株畸形等（图 2-103）。

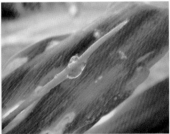

图 2-102 黑麦秆蝇危害

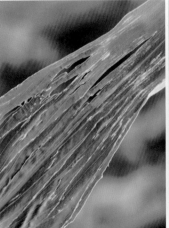

图 2 - 103　黑麦秆蝇造成叶片损伤与植株畸形

(三) 其他虫害

弯刺黑蜉 5 叶后危害，也可致心叶卷曲、出现排孔、皱缩、纵裂及植株矮化畸形和多分蘖，症状与黑麦秆蝇危害近似。

玉米旋心虫在春玉米上发生重。该虫以卵在土壤中越冬，翌年 6 月孵化出幼虫，危害 10～30 厘米高的玉米苗。玉米苗受害后，轻者叶片上出现排孔、花叶，重者萎蔫、枯心，叶片卷缩、展开不畅；植株多分蘖或畸形，还可在茎秆蛀孔处形成褐色纵裂。

五、劣质肥害与缺素原因

施用被三氯乙醛（酸）污染的过磷酸钙，中毒轻的出苗株会心叶展开不畅；严重缺钙叶片柔软变形，常难以展开；缺硼时幼嫩的叶子也会畸形、起皱，展开不顺畅。

六、解决对策

因降雨使上部叶片埋入泥中引起的心叶展开不畅，应及时将被埋叶片从泥中拔出。生长期间洪灾过水田，常发生玉米倒伏及叶片部分被埋现象（图 2 - 104），这种地块只有及时将被埋叶片拔出，植株才能恢复直立生长，新叶顺利生出。雹灾后叶片破损，阻碍新叶长出时，可用镰刀挑开。

图 2 - 104　洪灾过水玉米田

对于病虫害引起的叶片展开不畅，关键是预防。在夏播区，预防黑麦秆蝇引起的心叶展开不畅，可用内吸性杀虫剂噻虫嗪及其复配制剂处理种子，也可苗前全田喷施杀虫剂；待苗期看到危害症状后，往往已过最佳防治期。防治蓟马，既可用噻虫嗪进行种子处理，也可用乙基多杀菌素、吡丙醚、啶虫脒等苗后喷防。防治丝黑穗病、顶腐病及苗期瘤黑粉病，可用戊唑醇、烯唑醇、苯醚甲环唑等杀菌剂进行种子包衣。防治玉米旋心虫可用吡虫啉、丁硫克百威包衣。防治线虫矮化病，除了用丁硫克百威种子包衣外，最好再用噻唑磷或氟吡菌酰胺进行土壤处理。亩用20％噻唑磷水乳剂500毫升，造墒时随水冲施；也可亩用10.5％噻唑磷·阿维菌素颗粒剂2～3千克与肥料掺混，施入田间。氟吡菌酰胺既是杀菌剂，也是很好的杀线虫剂，缺点是价高；春播区旋耕整地前，亩用41.7％氟吡菌酰胺悬浮剂100毫升兑水地表喷施即可。

第八节　茎基部纵裂

一、茎基部纵裂的原因

春播区常见3种病虫害致玉米苗期茎基部出现纵裂：玉米旋心虫、顶腐病与线虫矮化病。夏播区偶见线虫矮化病、二点委夜蛾、地老虎危害引起的茎基部纵裂。

（一）玉米旋心虫

玉米旋心虫钻蛀下部茎秆，并在茎秆内向上蛀食危害，可在蛀孔处形成纵裂（图2-105），沿纵裂处纵向剖开，可见玉米旋心虫钻蛀的"虫道"（图2-106）。有无钻蛀"虫道"，是区别玉米旋心虫和另外两种病虫危害的关键。

图2-105　玉米旋心虫造成茎基纵裂　　图2-106　玉米旋心虫钻蛀的"虫道"（王振营提供）

（二）顶腐病

轮枝镰孢菌亚黏团变种侵染引起的顶腐病，也导致茎基部出现褐色纵裂（图2-107），但沿纵裂处剖开，内无因虫害危害造成的组织缺失，切开的两部分可完全对合。顶腐病苗常矮化畸形，叶缘曲皱、现黄化条纹和刀削状缺刻（图2-108），叶尖枯死，心叶萎缩、腐烂枯干（图2-109），心叶不能展开等。有无叶缘曲皱、黄化条纹和刀削状缺刻以及心叶萎缩、异常分蘖，是直观鉴定是否为顶腐病危害的依据。

图2-107　顶腐病造成的纵裂　　　图2-108　顶腐病苗现叶缘　　　图2-109　顶腐病苗心叶腐烂

　　　　　　　　　　　　　　　黄化条纹与缺刻

（三）线虫矮化病

　　由长岭发垫刀线虫侵染引起的线虫矮化病也出现茎基部纵裂症状（图2-110），纵裂疮口处若再被细菌侵染，会出现组织腐烂；沿纵裂剖秆后，开裂部组织能完全对合。感病株明显矮化（图2-111），叶片变短、看似僵硬，俗称"君子兰"苗。出现"君子兰"苗是其危害的依据。

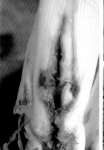

图2-110　线虫矮化病纵裂（石洁提供）　　　图2-111　"君子兰"苗（石洁提供）

（四）其他害虫

　　苗期，二点委夜蛾（图2-112）、地老虎危害到基部幼嫩茎节，造成浅表性伤口，可致茎基部出现纵裂，纵裂处以上叶片现失绿条纹，拔节后症状明显。

图 2-112　二点委夜蛾危害致茎基部纵裂

二、解决对策

无论何种原因引起的茎基部纵裂株，多已无保留价值，发现后及时拔除，带出田间销毁。玉米旋心虫危害严重区域，除做好杀虫剂种子包衣外，危害严重时可通过撒毒土、毒饵或茎基部灌药防治。顶腐病重发区，要做好杀菌剂种子处理。线虫矮化病重发地块，认真防治线虫或轮作倒茬。

第九节　异常分蘖

一、异常分蘖的原因

玉米野生近亲摩擦禾和大刍草具有较多的分蘖，现代栽培品种单茎生长、单穗结实是人工选育的结果。其实，玉米进入 4 叶期后，每个叶腋的腋芽在条件适宜或主茎顶端生长优势受到某种外界因素影响的情况下都可能萌动，低位腋芽会生成侧枝（分蘖），甚至有时侧枝簇生（图 2-113），高位腋芽可形成穗分枝（多穗）。无论哪个品种，分蘖都是不可避免的，是固有的返祖现象，也是正常的生理现象，只是出现多少、发生早晚与品种特性、栽培条件和生长环境有关，田边地头、缺苗断垄处长势健壮的植株有分蘖很正常。另外，除草剂药害、化控、病虫害、缺素、雹灾以及高位刈割等可抑制顶端生长的因素也均能导致分蘖。

图 2-113　分蘖簇生

（一）基因型差异

不同基因型玉米分蘖习性差异明显，含野生血缘较多的一些美系品种如先玉 335 就易分蘖。易分蘖品种中,有的分蘖发生早、数量多且粗壮,甚至收获时高度不次于主茎;有的发生晚、数量少、蘖细小(图 2-114)。最易分蘖的普通杂交种应是 20 世纪末山东育成品种鲁原单 14,苗期几乎每个叶腋都长蘖,主茎长势也因大量分蘖受到了影响,农民不得不耗费大量人力来掰除分蘖。

图 2-114 分蘖长势不同的品种

研究表明,品种分蘖习性及易分蘖期是否产生分蘖,受基部茎节及叶片中玉米素核苷、生长素、脱落酸、赤霉素含量及其比值控制。玉米素核苷含量高,生长素、脱落酸、赤霉素含量低时易分蘖。易分蘖的大刍草出苗 15 天后,基部茎节玉米素核苷含量可比普通玉米高一倍以上。细胞分裂素(CTK)会干扰玉米顶端生长优势,喷施人工合成的CTK、6-苄基腺嘌呤(6-BA),可促进分蘖。同理,喷施抑制顶端生长和茎节伸长的药剂如烯效唑、多效唑、矮壮素等也可促进分蘖。赤霉素(GA₃)可通过诱发生长素合成或抑制生长素分解来强化顶端优势,从而减少分蘖;喷施 10~15 毫克/千克的 GA₃ 可致株高增加 20 厘米以上。

(二)栽培环境与分蘖

农艺措施与气候通过影响植株长势来影响分蘖。加密种植强化顶端生长优势,弱化植株长势,不利于分蘖,即便有分蘖,也发生迟,蘖细小;多数品种在早播稀植、水肥充足情况下,易生分蘖(图 2-115)。光照充足可抑制株高增长,促进光合产物形成而利于分蘖。氮肥促进分蘖,且作用大于磷钾肥;土壤苗期干旱、瘠薄、肥力不足均不利于分蘖。缺硼可导致生长点坏死,主茎生长点坏死后,即生分蘖,分蘖生长一段时间后,生长点也会坏死。生育前期,可使心叶展开不畅的气候因素也会诱发分蘖,如雹灾致叶片损伤后不处理。

图 2-115 稀植导致分蘖

（三）药害与分蘖

施用抑制主茎顶端生长或可使心叶卷曲、腐烂、生长点坏死的农药产生药害后，都会促生分蘖，如磺酰脲类除草剂（图2-116）、超量喷施醚菌酯＋高效氯氰菊酯等；错施阔叶作物防禾本科杂草的除草剂精喹禾灵、烯禾啶等及灭生性除草剂草甘膦（图2-117），仅造成玉米主茎心叶或生长点受害、下部仍成活的，也会促生分蘖。相反，施用赤霉素及有激素作用的除草剂2,4-滴、2甲4氯、氯氟吡氧乙酸等，则致植株细弱而少分蘖（图2-118）。

图2-116 烟嘧磺隆（左）与噻吩磺隆（右）药害导致分蘖

图2-117 草甘膦异丙胺盐药害引发分蘖
（转基因材料）

图2-118 2,4-滴药害

（四）病虫害与分蘖

苗期，二点委夜蛾（图2-119）、黑麦秆蝇、玉米旋心虫、地老虎、大螟等具钻蛀习性的害虫，若危害部位较高，破坏了主茎生长点，可使受害部位以下腋芽萌动，出现分蘖；蓟马、黑麦秆蝇（图2-120）、弯刺黑蝽危害致主茎心叶展开不畅，植株也会滋生分蘖。

可抑制顶端生长的病害如顶腐病、细菌性顶腐病、瘤黑粉病（仅侵染心叶）及病毒

图2-119 二点委夜蛾危害导致分蘖

病（感病较晚、病毒未侵染基部腋芽），也都会引发分蘖或穗分枝（图2-121）。

图2-120 黑麦秆蝇导致心叶展开不畅及分蘖

图2-121 病毒病诱发穗分枝

（五）高位茎折和刈割

拔节后，通风透光良好的植株被高位刈割或高位茎折也可诱发易分蘖品种残留茎秆叶腋处长出分蘖。需要说明的是，苗期剪叶（图2-122），不仅不刺激分蘖，使幼苗矮壮，相反，会致幼苗长势细弱（图2-123），生育进程推迟2～8天，严重的还会造成死苗，乃至绝收（图2-124）。根据在春、夏播区多点试验结果，苗期剪叶普遍减产4%～20%。苗期剪叶增产的说法不科学。

图2-122 剪叶试验

图2-123 剪叶（矮弱苗部分）与对照处理长势

图2-124 剪叶造成全田死苗

二、解决对策

关于分蘖掰与不掰，争论已久。不少报道认为分蘖对主茎生长、产量无影响，甚至认为粗大、无雌穗的分蘖后期会向主茎、果穗转移养分。其实掰不掰分蘖，要从品种分蘖习性、分蘖发生早晚、栽培条件以及劳动力情况等方面综合考虑。若种植鲁原单14那样的品种，即便全苗，也会分蘖发生早、数量大的，还是掰除为宜，不掰会影响主茎长势。另外，对密度反应不敏感的易分蘖品种密植时，郁闭条件下的分蘖维持生命，会与主茎争夺营养而对其产生影响；在旱作农田，分蘖还增加蒸腾耗水，加重旱情，这类农田也不宜保留分蘖。分蘖通常长势较弱，加重田间郁闭，更易成为病虫寄主，种植综合抗性差的品种，也不应保留分蘖。生产上，普通品种偶发 1～2 个分蘖，以及发生晚、对主茎长势无显著影响的分蘖，可以不掰。规模化种植，需雇工掰除分蘖的，也可不掰，掰蘖之效与人工费相比，得不偿失。

育种家通常不会选用高分蘖习性的育种材料，规模化生产也应避免种植具高分蘖习性的品种，且要合理密植，毕竟田间有大量分蘖显得十分杂乱（图 2 - 125）。

图 2 - 125　多分蘖玉米田

第三章 玉米穗期生长异常

前期感染真菌性系统侵染病害、病毒病、线虫病的植株，自交苗，以及有地下刺吸式害虫危害地块、苗期喷施过激素类除草剂地块和土壤肥力差地块上的植株，多在拔节后显现容易观察到的典型症状。在北方玉米区，随着生育进程延续，不仅诸多地上害虫进入危害高峰期，各种局部侵染性病害也开始出现，致命的风灾、雹灾、涝灾和旱灾都可能遇到。追肥的可能发生劣质肥害，行间化除的可能出现除草剂药害。

第一节 心叶展开不畅

一、穗期心叶展开不畅的原因

致穗期心叶展开不畅的原因有除草剂药害、病虫害及气候问题等。

（一）除草剂药害

苗期喷施过 2，4-滴、2 甲 4 氯和氯氟吡氧乙酸这些激素类除草剂或含这些药剂的复配制剂，常使玉米长势偏弱，根系垂直分布浅，须根增多（图 3-1），近地表次生根有的变短变宽（图 3-2）。单施这些药剂，当施药晚、用量大时，玉米 9～10 叶期地上部就可显现典型药害症状：一是植株细高，叶片变窄，心叶卷曲、展开不畅（图 3-3）；二是气生根畸形、不分条或条数减少、变宽（图 3-4），背地生

图 3-1 2 甲 4 氯对根系分布影响（左为对照）

长（图 3-5），难下扎入土，丧失吸收与支撑功能；再就是隐形药害，茎秆变脆易折。

图 3-2 近地表处变宽短的次生根

图 3-3 2,4-滴致心叶展开不畅

图 3-4 2 甲 4 氯致气生根畸形

图 3-5 气生根畸形与背地生长

（二）病害

病害中除了顶腐病、线虫矮化病、丝黑穗病可引起拔节后玉米心叶展开不畅外，还有瘤黑粉病、疯顶病、细菌性顶腐病及鼠耳病等。

1. 真菌性病害 瘤黑粉病侵染心叶可使其展开不畅，侵染心叶基部，还会使植株呈俯首状（图 3-6）。

疯顶病传入国内时间不长，由霜霉科大孢指疫霉菌系统侵染引起，发病后症状多样。致心叶展开不畅时，有的呈牛尾状（图 3-7）；有的上部叶片全部簇生成团或扭曲在一起（图 3-8），叶团中常伴有瘤黑粉菌侵染的菌瘿（图 3-9）；后期团缩叶片由外向内早枯。

图 3-6 瘤黑粉病致心叶展开不畅

图 3-7 疯顶病致心叶牛尾状

图 3-8 疯顶病致上部叶片
团缩及早枯

图 3-9 疯顶病叶团中瘤
黑粉菌瘿

2. 细菌性顶腐病 在河北夏播区，细菌性顶腐病（心叶腐烂病）侵染时间一般在 7 月中旬、进入雨季之初。该病是在蓟马、黑麦秆蝇等害虫危害心叶造成伤口后，喇叭口内积水条件下，由细菌侵染引起的。7 月中旬高温、连阴雨时易发病，7 月中旬前干旱、虫害高发而又疏于防治的地块易发病，临近养殖场、粪堆、污水沟和杂草茂盛的地块易发病，缺钾地块易发病，苗期剪叶的易发病。品种间抗病性差异明显（图 3-10），具昌 7-2 血缘品种如郑单 958、锐步 1 号等易发病。发病轻的新生叶叶尖或叶缘轻微干枯，较重时新生叶近尖端的叶缘现腐烂造成的缺刻，有的心叶基部现褶皱、缺刻、膜质化透明、轻度腐烂等，严重时腐烂叶致心叶粘连不能展开，影响抽穗（图 3-11）。该病

图 3-10 不同品种对细菌性顶腐病抗性

危害程度与纬度、温湿度及高温高湿出现的时间有密切关系，区域性和偶发性明显。邯郸

以南发生腐烂状危害的概率较大,高温高湿年份(如2010年)腐烂状危害可北扩至保定市以南,保定市以北地区一般不会造成严重危害。每年7月中旬是该病侵染河北夏玉米并形成危害的主要时期,其他时间一般不会严重危害。南繁季节,海南繁种田也常出现心叶腐烂现象(图3-12)。

图3-11 细菌性顶腐病症状　　　　　　　图3-12 南繁玉米心叶腐烂

(三) 虫害

穗期除蓟马、黑麦秆蝇外,导致心叶展开不畅的还有食叶螟虫。玉米螟、棉铃虫、甜菜夜蛾、草地贪夜蛾等严重危害心叶,使心叶破碎、弯折(图3-13),会影响之后新生叶展开。玉米螟钻蛀茎秆,若危害部位接近生长点,伤及即将伸长或伸展的茎与叶时,会导致叶片团缩,似疯顶病危害;纵剖茎秆,可见偏上部位有钻蛀的玉米螟或虫道。

图 3 - 13　蟆虫致心叶弯折、嵌套

(四) 气候原因

1. 风灾　风灾也会使叶片展开不畅。2011 年 7 月上旬，河北石家庄东部地区发生过一场风灾，受灾株大部分从心叶基部折裂，而非茎折，之后长出的叶片相互嵌套、不能展开。不将嵌套在一起的叶片挑开，受灾株就不能抽穗结实 (图 3 - 14)。

2. 多雨　喇叭口期至抽雄前，一些品种可因茎节伸长快，心叶展开慢，使植株上部呈牛尾状 (图 3 - 15)。出现该现象原因与品种有关，也与当时多雨有关。叶片宽大的平展型品种 (如丹玉 13) 在多雨时拔节迅速，心叶外层叶片尚未展开就被顶出了喇叭口，此现象一周左右可恢复正常，无须管理。现普通品种多为上部叶片较小的紧凑型耐密品种，此情况少见，在平展型甜糯玉米上容易见到。

图 3 - 14　风灾致叶片展开不畅　　　　图 3 - 15　多雨致心叶呈牛尾状

二、穗期心叶展开不畅的应对

(一) 适时防治病虫害

防治疯顶病需用对霜霉菌高效的杀菌剂处理种子；防治瘤黑粉病及细菌性顶腐病，除了选种抗病品种外，关键是做好雨季到来前的预防工作，7 月中旬前杀虫剂与杀菌剂同喷。由于心叶出现的瘤黑粉病、细菌性顶腐病，多经虫害造成的伤口侵染，故防病重在治虫。杀虫剂可选乙基多杀菌素、氯虫苯甲酰胺及菊酯类农药等。重发细菌性顶腐病后，可喷施噻菌铜、春雷霉素、溴菌腈等对细菌高效的杀菌剂来控制病害发展，叶片腐烂致心叶粘连、影响抽穗时，用镰刀挑开。

（二）慎选除草剂

田间无宿根性阔叶杂草，就不要单施2，4-滴、2甲4氯、氯氟吡氧乙酸等有激素作用的除草剂进行苗后化除，同时还应避免用含这些药剂的复配制剂。烟嘧磺隆、硝磺草酮与这些药剂相比，适宜施药期略晚，在晚施药情况下，喷施烟嘧磺隆、硝磺草酮与这些药的复配制剂都会或轻或重地产生药害。连年春播或玉麦连作地块，有莎草（图3-16）、鸭跖草、苍耳、蓼、龙葵、野西瓜苗等时，可在玉米3～5叶期亩施4%烟嘧磺隆悬浮剂70～80毫升和75%氯吡嘧磺隆水分散剂4～5克。对株高接近或超过小麦的多年生阔叶杂草，最好"玉草麦治"。用2，4-滴、2甲4氯、氯氟吡氧乙酸等有激素作用的药剂化除，要求在玉米2～3叶期施药，若施药晚、用量大，很容易产生药害。

图3-16　莎草重发田

第二节　穗期部分病害识别与防治

一、病毒病

从1920年Brondes确诊玉米花叶病是由病毒侵染以来，全球报道引起玉米病害的病毒已达40多种；我国在玉米上已检测到至少12种由病毒侵染引起的病害，曾报道大面积形成危害的有5种，分别是粗缩病、矮花叶病、条纹矮缩病、鼠耳病和红叶病。这些病害的病原都以禾本科作物或杂草为寄主，主要通过刺吸式昆虫传播。多数感染病毒病的植株在拔节前不易直观识别，但拔节后健株生长加速，病株与健株株高差距加大，典型症状就趋于明显。病毒病症状一般先现于心叶。

（一）粗缩病

粗缩病1949年在意大利北部首次发现，国内1954年在新疆南部和甘肃西部首次发生。除青藏高原玉米区外，该病在全国其他玉米产区均可造成危害。河北1961年在保定首次发现成片危害田。如今，雄安新区一带，因有白洋淀及唐河等河道，禾本科杂草较多，农户间相邻承包田共用同一水沟，对水沟上杂草疏于处理，小麦、玉米种子用内吸性杀虫剂包衣的普及率较低，使得当地仍是河北玉米粗缩病发病相对较重的区域。

　　水稻黑条矮缩病毒（RBSDV）和南方水稻黑条矮缩病毒（SRBSDV）侵染均可引发粗缩病，以前者为主，通过灰飞虱（图3-17）以持久性方式传毒，后者主要通过白背飞虱传播；两种病毒均不能经土壤、汁液摩擦、种子、蚜虫和叶蝉传播。玉米苗后生长期间均可感病，前、中期感病可造成危害。幼苗期感病，若病毒传导至生长锥，第5、6片叶就可显现症状，之后表现似系统性侵染。拔节后病健株差异逐渐明显，病株粗缩矮化，不能抽穗结实（图3-18）。中期感

图3-17　灰飞虱雄虫（左）、雌虫和若虫（右）

病，可使病株上部节间及雄穗轴缩短（图3-19），有的虽能结实，但果穗短小，结实少。

图3-18　苗期感粗缩病病株

图3-19　中期感粗缩病病株

　　品种间抗病、耐病性有差异，田间发病率及被害程度与气温、玉米播期和苗龄、灰飞虱虫口密度密切相关。PB群总体抗性较好，旅系与黄改系列品种中无高抗材料。齐319、沈137、X178、P138等高抗；掖107、掖478、冀15-22、冀815、冀257、S221、E28、N46、丹340、白131C等高感。在冀中南，4月初以前播种的玉米，苗期气温低，灰飞虱少而不活跃，少现粗缩病病株。4月5日至6月初播种的，随着播期推迟，病株率逐渐增加。晚春播或早夏播以及套种玉米常见严重发病地块（图3-20）。6月中旬及以后播种的，随着播期推迟，病害逐渐减轻；夏播区同一地方播种早的地块危害相对较重。

　　带毒灰飞虱刺吸玉米后，病毒能否传至生长锥，是该病可否造成系统性侵染症状及损失的关键。玉米幼苗期叶片短小，生长较缓，病毒易传导至生长锥，如果此时正值灰飞虱暴发或迁飞高峰期（如小麦黄熟期，灰飞虱从麦田向玉米田转移），发病就重。拔节后，

植株生长迅速，病毒不易传导至生长锥，发病就轻。该病初始症状最先现于心叶，起初叶片正面叶脉上会出现断续状白点，后变为断续条状膜质化透明组织，称为脉明；叶片背面会看到部分叶脉凸起，称为脉凸。起初脉凸断续状，有的密被绒毛，随着叶片生长，脉凸会连成线，呈蜡白状（图3-21）。若田间出现异常株，且心叶有脉明与脉凸，即可确诊感染了粗缩病。

图3-20　粗缩病重发田（套种）

图3-21　脉明（左）与脉凸（中、右）

土壤多效唑残留药害也引起植株矮缩，应注意甄别。多效唑半衰期为0.5～1年，若地块之前种过甘薯、大豆等，并喷施了多效唑，多效唑残留就可能使玉米受害。当多效唑污染土壤严重时，残留药害能持续2年。严重受害植株极度矮缩，叶片短宽，似"君子兰"苗（图3-22），不能抽穗结实。烯效唑用于甘薯、大豆控旺，不仅药害轻，残留期也短。

图3-22　多效唑残留药害

（二）矮花叶病

矮花叶病1963年在美国俄亥俄州大面积发生；在我国，1966年在河南新乡、安阳首次暴发危害，1969年河北临漳发生面积5万多亩，产量损失超50%的有3.5万亩。矮花叶病主要由玉米矮花叶病毒（MDMV）侵染引起，白草花叶病毒（PenMV）侵染也可造成相同症状。

矮花叶病可经玉米蚜、棉蚜、麦二叉蚜等20多种蚜虫以非持久性方式传播。种子可带毒，国外报道种子带毒率为0.4%，国内报道为0.05%～2.2%，最高达6.52%，带毒种子苗后即为发病中心。汁液摩擦也能传播。

该病危害程度与当地主栽品种抗性、种植制度、气候干旱程度、蚜虫发生时间和虫口密度密切相关。20世纪60～70年代，冀中南地区推广"三种三收"、间套复种技术，曾使传毒蚜虫在适生寄主连续存在的情况下大发生，导致该病流行。20世纪80年代后期至90年代初，因骨干自交系Mo17、8112、掖107、丹340、吉63等多为高感材料，再度导致病害流行。获白、黄早4、昌7-2、H21、TS6、Suwan-1、四一、齐310、POOL26、黄野四等抗病、耐病，由 Lancaster、Reid、旅大红骨血缘自交系组配的杂交种抗病性较差。

玉米苗后生长期间均可感病，一般年份在苗期 3～5 叶时出现症状，大发生年份 1～2 叶时即可发病，气候干旱利于发病。病株黄弱矮小，初期症状是在心叶基部叶脉间出现褪绿斑点，后发展为断续状黄色条点，长短不一，但叶脉仍保持绿色；黄色条点可发展成较宽的褪绿黄条纹或密集的黄色斑点（图 3-23），并扩展到全叶。发病重的叶基本全黄，质地硬而脆，易折断。苗期感病，危害重，多数病株不能抽穗且早枯；中后期感病，有些病株虽能抽穗，但穗小粒少且秕瘦。近年来，高效、内吸性杀虫剂吡虫啉、

图 3-23 矮花叶病症状

噻虫嗪的广泛使用，使得苗期蚜虫危害基本得到控制，加上"铁茬"直播技术的推广，矮花叶病在河北危害程度呈降低趋势。心叶是否密布褪绿黄条纹或黄色斑点系诊断该病的依据。

（三）条纹矮缩病

条纹矮缩病又称玉米条矮病，由玉米条纹矮缩病毒（MSDV）侵染引起。在我国，1953 年前后在新疆首见大范围发生；1970 年前后甘肃河西走廊及新疆地区曾流行成灾；1971—1973 年研究确认病毒由灰飞虱传播；之后辽宁、浙江陆续有危害报道，河北偶见。自交系金黄 96C 易感病。

玉米苗后生长期间都可感病，接种 1 周后即可显症，大田发病多在 7 月中旬，典型症状是病株矮缩，起初上部叶片稍硬、直立，病叶沿叶脉出现淡黄色褪绿条纹，自叶基向叶尖发展，后在条纹上出现长短不一的褐色坏死斑，叶脉迅速枯死呈红色枯纹，病叶提前枯死（图 3-24）；叶鞘、苞叶亦产生淡黄色条纹及坏死褐斑，苞叶及苞叶顶端小叶更敏感；茎秆、穗轴、雄花小梗也可受害，出现黑褐坏死斑，严重时茎秆及髓部变褐发臭。早期受害，病株提早枯死，可导致绝收；中期受害，上部节间缩短，雄穗不易

图 3-24 玉米条纹矮缩病

抽出，果穗即使抽出，结实少而秕。病毒除侵染玉米外，还侵染小麦、大麦、谷子、燕麦、糜子等。

（四）鼠耳病

鼠耳病因感病玉米叶片变短、僵硬直立，貌似袋鼠竖直的耳朵而得名。1910 年在澳大利亚昆士兰首次发现，1972 年确诊由玉米鼠耳病毒（MWEV）侵染引起，菲律宾、巴

布亚新几内亚、印度、埃及和日本均有分布。在我国，1988 年在四川南充首次发现，四川、贵州、重庆的多个县（市）曾暴发危害，是西南玉米区重要病害之一。

国内叶蝉为传毒介体，以持久性方式传毒，虫卵可带毒，雌虫致病性大于雄虫。玉米病株显著矮缩，节间缩短；叶片变小增厚如姜叶，叶肉横向皱缩，叶缘内卷，心叶卷缩不能展开，呈火炬状；叶片背面起初主脉两侧肿胀，有白色虚线状条点，病情加重后形成沿叶脉纵向排列的蜡泪状瘿瘤，严重发病株瘿瘤纵横交错呈网状；根系少而短，脆而易断；雌雄穗变形，无花粉或少花粉，不结实或结实少。6 叶期以前受害重病株可早枯而死。品种间对鼠耳病抗性有差异。在四川、贵州、重庆，海拔千米以下、杂草茂盛的坡岗地发病重；套种玉米受害重，玉米苗期与周围小麦黄熟期、叶蝉转移危害期重叠的受害重。

（五）红叶病

红叶病由大麦黄矮病毒（BYDV）侵染引起，20 余种蚜虫可传毒。已发现 6 个病毒株系，依据蚜虫传毒的专化性及介体蚜虫属名或种名首个字母来命名，分别是 PAV、MAV、SGV、RPV、RMV 及 GPV。我国于 1960 年在陕西、甘肃等地小麦上发现 BYDV；1977 年美国首次发现其侵染玉米，并造成红叶、植株轻度矮化；1978 年甘肃省农业科学院植物保护研究所以粟缢管蚜、玉米蚜为介体，也在玉米上分离到了该病毒。1980 年甘肃天水、庆阳等地曾暴发危害，如今，西北、华北、东北、华东及西南地区均有不同程度发生。自交系黄早四、ZA5716、T18、齐 319 易感病。

图 3-25 玉米红叶病（左图由赖军臣提供）

玉米苗后各阶段均可被 BYDV 侵染，早的 5～6 叶期即可发病，病毒侵染及繁殖仅局限于韧皮组织内。玉米发病症状有 3 种类型。一是细条点症状，先是感病叶基部出现细小而规则的虚线状褪绿条点，条点被局限于叶脉之间，两侧脉之间有虚线状褪绿条点 2～3 条，发病叶由下而上逐个显症。二是红叶症状，症状会先出现在感病叶片之后新生的 1～2 片叶上，暗红斑先现于叶尖，并沿叶缘向内及向叶基部扩展，长度可达叶长的 1/3～1/2 或更长，在叶上呈"∧"形（图3-25）；变红处主要是叶脉间叶肉变红。三是红叶与褪绿条点混合发生，有的叶尖发红，其余部位是褪绿条点，有的褪绿条点周围发红或褪绿条点之间现红色条点。

玉米中后期出现红叶，不一定是感染了红叶病，有的品种（如一些美系品种）和自交系（如京 24）后期中上部叶片及叶鞘均会发红（图 3-26），为生理性红叶，属品种特点。空株、果穗摘除株中糖分不能向籽粒转

图 3-26 后期植株变红的自交系

移，致细胞内 pH 降低，花青素在酸性条件下，也可使鞘、叶呈现红色。茎秆被螟虫钻蛀后，被害部位以上叶、鞘也可变红（图 3-27），并较早枯死。叶近基部位置因病虫害破损后，沿缺刻部位向上组织也能变红（图 3-28），且红色区域在叶上也可呈"∧"形分布，注意甄别。BYDV 引起的红叶，典型特点虽是叶尖及叶缘变红色，红色区域多在叶上呈"∧"形，近叶基部的中脉两侧仍为绿色，但叶完整。

图 3-27　玉米螟危害导致红叶及早枯

图 3-28　叶片近基部缺刻导致红叶

（六）病毒病防控

黄淮海夏播区小麦-玉米两熟，给以禾本科作物或杂草为寄主的传毒介体和病毒完成周年循环侵染提供了良好的生境。两熟区防治玉米病毒病，应小麦、玉米两季统筹，综合防治。小麦播前，要用内吸性杀虫剂处理种子；苗前和生长期间要及时清除田边地头杂草，这些杂草是病毒与传毒介体在茬口过渡期的主要寄主（图 3-29）；灌浆期间做好传毒介体防治，控制对玉米的初侵染源。病毒病高发区玉米要避免种植高感品种，

图 3-29　地边草茂的重黄矮病麦田

适期播种；春玉米尽量早播，夏玉米铁茬直播，勿晚春播和套种，并做好内吸性杀虫剂（吡虫啉或噻虫嗪）种子处理和苗前田间传毒介体防治。通常情况下，夏玉米播后苗前，应全田喷施一次杀虫剂，杀灭上茬作物遗留害虫，尤其是灰飞虱和蚜虫，防控病毒病。盐酸吗啉胍有钝化病毒的作用，苗后喷施对控制病毒病有一定效果。当发现病株后，及时拔除。

在夏播区，品种间对病毒病抗性的差异有些规律，但不是绝对的，仅供参考。通常秸秆含糖量高的易感蚜虫；矮秆品种较中高秆品种易感蚜虫，但莱玉 2 号（掖 3189×矮源 311）是个例外；雄穗分枝多且紧凑的较分枝少而披散的易感蚜虫（图 3-30）；

图 3-30　不同类型雄穗

易感蚜虫品种也多易感灰飞虱，易得粗缩病。

二、细菌性病害

国内外报道的细菌性病害已达 13 种之多。高温高湿季节是细菌性病害高发多发期，除了可能感染细菌性顶腐病外，还有细菌性茎腐病、多种细菌性叶部病害及细菌性枯萎病等。一些病害可造成严重后果。温湿度、品种抗性、植株长势、传菌介体虫口数量及危害程度、病原菌多寡，均是决定这类病害是否重发的因素。植株长势差，前期干旱、虫害严重地块，进入雨季后在高温高湿气候下很容易发生细菌性病害。通常，低纬度地区发病种类、危害程度明显超过高纬度地区。

（一）玉米细菌性茎腐病

玉米细菌性茎腐病是全国性病害，土传、种传或昆虫传播，危害叶鞘及茎秆。密度大、通风不良、施氮肥多以及低洼排水不畅地块易发病。病原有胡萝卜软腐欧文氏菌胡萝卜软腐亚种、菊花软腐欧文氏菌玉米致病变种、玉米假单胞杆菌（*Pseudomonas zeae*）和铜绿假单胞杆菌（*P. aeruginosa*）等。在河北，玉米细菌性茎腐病一般年份较少发生，高温高湿年份 7 月下旬至 8 月上旬可见，且多见于甜糯玉米田，普通品种偶见。叶鞘感病，初期出现水浸状圆形、椭圆形病斑，扩展后病斑形状不规则，边缘波浪状；茎秆感病，发病部位多在植株中下部，感病部位初期水浸状，并会迅速软化、凹陷、腐烂（图 3 - 31），变为红褐或暗褐色，常有淡黄色菌脓溢出及腐败臭味；病株叶片呈现青枯状萎蔫，遇风即倒。

图 3 - 31　细菌性茎腐病

东北及长江以南地区有色二孢属真菌引起的干腐病，可致近基部 4～5 节茎秆软腐、凹陷，植株倒折，但其属真菌性病害，感病部位不会有脓和臭味。顾沁等报道 2014 年在河北武邑、献县、阜城和永年发现凤梨泛菌（*Pantoea ananatis*）与分散泛菌（*Pantoea dispersa*）侵染引发的细菌性褐腐病，病叶上沿叶脉产生黄色病斑，叶梢卷曲枯死，茎秆呈黄褐色干腐。曹慧英报道 2006—2009 年在新疆、甘肃制种田自交系 PS056 上，发现成团泛菌（*Pantoea agglomerans*）引发的细菌性干茎腐病，典型症状是植株矮小，茎部叶鞘表面出现不规则黑褐色病斑，茎节发病处表皮消失，茎髓组织变褐并产生不规则缺刻，褐变组织表现为干腐，茎秆扭曲、发脆，遇风易折。

（二）细菌性叶部病害

多种细菌可侵染叶片，致叶片发病（图3-32）。在黄淮海夏播区，最常见的是细菌性顶腐病。张小利、王晓鸣等（2009）报道全国至少21个省（自治区、直辖市）有细菌性叶斑病分布，主要症状有枯死斑型、褪绿斑型、条斑型和褐斑型4种；这类病害已从田间偶发发展成了局部偶然重发。

图3-32　细菌性萎蔫病（引自李少昆资料）

1. 细菌性条斑病　2003年江苏省浦口区首次发现由燕麦噬酸菌燕麦亚种（*Acidovorax avenae* subsp. *avenae*）侵染引起的细菌性条斑病，病叶沿叶脉出现窄长、平行、橄榄绿到黄褐色水渍状病斑，严重侵染时，雌穗以下大部分叶死亡，上部叶片几乎全部现浅黄至白色条纹，条纹继续发展融合在一起，可致上部叶片全部变白。顶部变白是此病害的典型特征，但变白部分并不含有病原菌。燕麦噬酸菌燕麦亚种还可引发细菌性叶疫病，病株初期新叶上生成水浸状条斑，后变为边缘红褐色窄长条斑和斑点，条斑严重的遇大风叶片易碎裂成条；病株节间缩短，茎外围由褐变黑，呈水浸状腐烂，内部褐色，有恶臭气味；湿度大时，病部溢脓。

2. 细菌性褐斑病　丁香假单胞菌丁香致病变种（*Pseudomonas syringae* pv. *syringae*）侵染玉米1周后，可引发细菌性褐斑病，病症先现于下部叶片顶端，斑点圆形至椭圆形，初期呈暗绿色、水浸状，后变乳白色至黄褐色，干枯后变褐色，带有淡红色至褐色边缘，较大病斑周围带黄色晕圈。

3. 细菌性条纹病　细菌性条纹病由须芒草伯克霍尔德氏菌（*Burkholderia andropogonis*，又称高粱假单胞杆菌）侵染引起，初期发病于下部叶片，条件适宜时向上扩展。病斑在叶上呈橄榄绿色至琥珀色、水浸状，边缘平行，常伸长汇合成条状，使叶呈暗褐色干枯，有的病斑为边缘不规则斑点状，少数自交系上部叶片还会出现褪绿条纹或变白。

4. 细菌性叶斑病　由野油菜黄单胞菌栖绒毛草致病变种（*Xanthomonas campestris* pv. *Holcicola*）侵染引起，可使病叶出现红褐色水浸状窄条纹，湿度大时病斑上有菌脓溢出，条纹相互结合可形成不规则大片坏死区。巨大芽孢杆菌（*Bacillus megaterium*）也会引起细菌性叶斑病，初期叶上出现分散、不规则淡黄色水浸状斑点，之后病斑沿叶脉扩展，逐渐增多，使全叶布满黄色小斑；发病后期，病斑中央出现灰白色枯死区域，然后相互联合，在叶上形成较大面积的坏死斑。

5. 假细菌性叶斑病　劣质肥料、除草剂药害、叶面肥肥害都可造成叶片出现似细菌性叶斑病状症状。2015年，山东莱阳发生了一起追施含有害杂质的黄色氯化铵的案件，取肥料带回试验，穴施于玉米根际周围3天后就可使心叶表现出受害症状（图3-33），症状极似张小利、王晓鸣等报道的一种枯死斑型细菌性叶斑病。不同的是，受害株茎秆内部节处暗褐色，似茎腐病，叶斑形成后不扩展、不扩散，下部叶片早枯，肥害严重的心叶直接枯死。玉米上误喷了氟磺胺草醚（图3-34），喷施硫酸锌（图3-35）、液体氮肥浓度高、用量大时（图3-36），均可导致叶脉间出现枯死型条纹斑。硫酸锌叶面喷施浓度以0.3%～0.4%为宜；叶面喷施液体肥料等，当喷施液体电导率＞5毫西/厘米时，都可能对叶片造成伤害。

图3-33　劣质化肥引起叶斑及节间褐变

图3-34　氟磺胺草醚药害

图3-35　硫酸锌肥害

图3-36　高浓度液体氮肥"烧叶"（王少然提供）

（三）细菌性枯萎病

细菌性枯萎病是由斯氏泛菌（*Pantoea stewartii* subsp. *stewartii*）侵染引起的一种毁灭性病害，1894年在美国纽约长岛附近首次发现，1972年前后在我国浙江省、江西省与海南省陵水县也曾发生，为检疫对象。种子带菌是远距离传播途径，种子内、外部均可带菌，昆虫带菌是田间主要传播方式，雨水也可传播。介体昆虫主要是玉米跳甲（*Chaetocnema pubiearia*），其他还有玉米齿叶甲（*C. denticulata*）、南方玉米根甲（*Diabrotica undecimpunctata*）成虫和幼虫、北方玉米根甲（*D. longieornis*）幼虫、西部玉米根甲（*D. vergifera*）、玉米种蝇（*Hylemya cilicrura*）幼虫和小麦金针虫（*Agriotes mancus*）等，介体昆虫一旦获得病原，终生携带并传播。病菌可在介体体内越冬，第二年通过取食再传播，传病昆虫越多，第二年发病越重。病菌能在未腐烂的病残体上存活并越冬，在腐烂秸秆上不能存活；在干土中可存活半个月左右，湿土中很快死亡。高温高湿、密植、土壤肥沃、高氮高磷加重发病；高钙、高钾可减轻病害。甜糯玉米易感病，硬粒型品种次之，马齿型品种抗病性较强；早熟品种比晚熟品种易感病。该病是典型的维管束枯萎型细菌性病害，可系统性侵染，玉米各部位都能感病。病株生长会受到强烈抑制，变矮、叶枯或皱缩，直至整株枯死。通常开花前开始显病，也可苗期、中期发病。病菌侵染 7～14 天即可发病，慢的月余，但发病后蔓延迅速。有资料显示，在 0.4 亩范围内，自发现发病中心区始，10 天内可使病株率由 20％增至 100％，21 天死苗率达 60％。病菌若从叶部虫害伤口处侵染，最初伤口处形成水渍状斑点，随着病菌繁殖和向维管束转移，斑点可迅速扩大成白叶枯状纵向条纹斑，条斑宽度不受叶脉限制，颜色淡黄至苍白色。病菌侵染较晚或病情发展缓慢时，叶脉边缘可现逐渐变黑的纵向病斑，病斑慢慢干枯后，变为褐色并皱缩。病菌经叶鞘转至茎后，堵塞维管束中水分运输就导致植株枯萎，枯萎由下而上，直至全株枯死，即使不死，也极度矮化。病菌在茎中大量繁殖，可致维管束渐变为黄褐色，横切面暴露数分钟，会从维管束中泌出黄色黏液，有时用手指挤压茎秆，也会有黏液溢出，带菌黏液可拉成丝状。开花前感病，往往不能抽雄、结实，或雄穗分枝不能很好舒展、过早干枯，或提前开花；雌穗常发育不完全，即便结实，籽粒也瘪皱。花后感病可结实，但会出现果穗下垂的早衰现象。感病初期，根无症状，后期则变色枯死。关于细菌性枯萎病病原菌生物学鉴定，可参照 NY/T 2291—2012《玉米细菌性枯萎病监测技术规范》。

密执安棒形杆菌内布拉斯加亚种（*Clavibacter michiganensis* subsp. *nebraskense*）引起的戈氏细菌性萎凋病表现症状与细菌性枯萎病相似，同为维管束枯萎型病害，具毁灭性，主要经种子、昆虫传播。早期侵染可引起幼苗枯死，后期侵染可致植株矮化、凋萎或不同程度叶枯。凋萎叶片上有灰色或淡黄色条斑，条斑初期水浸状，与叶脉平行，边缘波浪状或不规则，间或有深绿色至黑色水浸状角斑；病害发展，病斑表面可溢出菌脓，菌脓速干后有晶体光泽。在不同湿度条件下，根可发生干腐或水浸状至黏稠状褐色腐烂。茎秆发病，横切面可溢出橘红色菌脓。

（四）细菌性病害防控

黄淮海夏播区自含昌 7 - 2 血缘品种推广后，最普发的细菌性病害是细菌性顶腐病，细菌性茎腐病次之。对于主要经种子和昆虫传播、具毁灭性的病害，要本着"防重于治"的原则，严把种子及商品玉米入境检验检疫关，防止带菌种子及介体昆虫传入；加强省际疫情通报，严禁从疫区调运种子等带菌材料。发现检疫疫情后，从严、从快彻底对病田及隔离范围内耕地、耕地上生物（作物、杂草、昆虫）进行无害化处理，防止疫情蔓延，同时追究相关责任单位及责任人责任，挽回农民损失。疫区生产的种子不得再当作种子，进行干热消毒处理（用 60～70 ℃干燥热空气处理 1 小时）后转商。为防止有人以商品玉米名义收购疫区本应转商的"种子"，异地作种子销售，同时也为防止病菌及传播介体随商品玉米扩散，疫区生产的商品玉米应就地消化。对于常发细菌性病害，要加强抗性种质资源筛选及抗病育种工作，落实综合防控措施，如轮作倒茬、种植抗病品种、做好种子"清洁"处理、科学施肥（增施钙、钾肥）、合理密植、有效控制田间杂草及害虫等（草茂者

虫多，虫多雨季病害就重）。关键生育阶段，做好田间监测、化学防控。一般病害田，发现病株后及时拔除，带出田间妥善处理，防止其成为发病中心，同时对尚未发病的植株整株喷施噻菌铜、春雷霉素、溴菌腈、乙蒜素等杀菌剂。

三、真菌性病害

（一）褐斑病

褐斑病由玉蜀黍节壶菌侵染引起，主要危害叶片和叶鞘。叶片上初侵染病斑为水渍状褪绿黄斑，以后变为圆形、椭圆形黄褐色或紫褐色斑，病斑串连后形状无规则；叶片中脉病斑红褐色到深褐色（图3-37）。后期病斑现于叶鞘外侧时，黑褐色，颜色比叶片主脉上的深（图3-38），最初点状，扩展后多个病斑连成不规则大斑，大斑边缘暗褐色，中心多枯白色，严重的可致叶鞘、叶片枯死。收获前，叶鞘上枯死斑外观症状常不典型，易与纹枯病、鞘腐病等混淆；有的枯

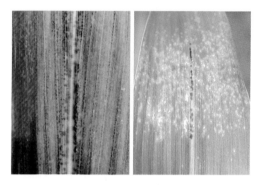

图3-37　褐斑病病叶

死区边缘无特征晕圈，有的微带红褐色或边缘略带红褐色，但叶鞘内侧多可见棕褐色粉末堆（孢子囊堆，图3-39），孢子囊堆多现于叶鞘内侧中下部和外边缘。病斑现于茎时，靠近节处较密集，一般棕褐色。

图3-38　叶鞘感褐斑病　　　　　　　　　图3-39　叶鞘内侧孢子囊堆

在河北，7月中旬高温、连阴雨加上种植品种不抗病（如浚单20）是褐斑病穗期就开始重发的诱因，感病部位在喇叭口积水处。喇叭口处积水时有时无会使感病区域在叶上呈段状分布；重病田病叶伸出喇叭口后，看上去遍地黄叶（图3-40）。与多数真菌性病害不同的是，夏玉米上，褐斑病典型症状最先发自心叶，而非下部老叶。田边地头及水沟边上、通风良好处植株发病程度略高于田中（图3-41），表明该病主要由风雨传播。

图 3-40　褐斑病重发田

图 3-41　通风处发病较重（右为浚单20）

有时全田看上去上层叶片发黄不一定是褐斑病。田间重发细菌性叶斑病、污染物污染农田造成危害、草铵膦药害、劣质化肥肥害（图 3-42），均可使全田看上去上层叶片发黄。重感根腐病（图 3-43）、矮花叶病，土壤缺素（在植株体内转移性差的元素，如铁、硫等），也会使上层叶片发黄，注意甄别。直观诊断是否为褐斑病造成的黄叶，看叶正面中脉处有无典型黑褐或红褐斑。

图 3-42　劣质化肥造成黄叶

图 3-43　根腐病造成黄叶

品种对褐斑病抗性有差异，用昌 7-2 组配的易感病，河北省主栽杂交种近40%感病在 5 级以上。缺乏高抗种质资源，是近年来褐斑病危害逐年加重的主要原因，而选种抗性相对较好的品种是防治该病危害最有效的手段。每年 7 月上旬、雨季到来之前是药剂防治的关键期，可选烯唑醇、戊唑醇等三唑类杀菌剂喷防。发病后，应再及时喷施上述药剂，控制病害向上部粒叶组叶片尤其是"棒三叶"蔓延。粒叶组叶片感病，不仅影响光合作用与灌浆，还会导致空株及植株早枯。穗期施用三唑类杀菌剂，切勿盲目加大药量，防止影响结实。

（二）弯孢叶斑病

弯孢菌为弯孢属真菌，该属多个种可引起该病，新月弯孢为优势种。弯孢叶斑病主要发生在东北、华北玉米产区，南方局部发生。2017 年修订的《主要农作物品种审定标准（国家级）》中，该病在黄淮海、京津冀地区普通玉米上仅要求做抗性鉴定，在青贮玉米上为高感一票否决病害（在任一试点或人工接种鉴定表现高感，即不能通过审定）。

弯孢叶斑病主要危害叶片，也侵染叶鞘和苞叶。病斑初期为水浸状淡黄色小点（图3-44），扩大后为圆形、椭圆形、梭形或长条形淡黄色病斑，中央有黄白或灰白色坏死区，边缘淡红褐色或暗红褐色，病斑外围有较大的褪绿晕圈。抗病品种上病斑较小，一般大小为（1～2）毫米×（1～2）毫米，多为褪绿点状斑，无中央坏死区（图4-45）。感病品种上病斑较大，可达（4～5）毫米×（5～7）毫米，有时多个病斑相连，呈片状坏死，严重时病株叶片自下而上相继枯死，植株结实率低、果穗瘦小、籽粒不饱满。

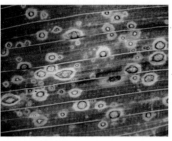

图3-44　弯孢叶斑病典型病斑

河北保定以北地区发病较重。一般年份夏玉米大喇叭口期就有典型病斑，中下部叶片先感病，但偏上部叶片病斑分布密度往往较大（图3-46），生育后期或冷凉地区可见大型病斑。弯孢菌以菌丝体和分生孢子在病残体上越冬，翌年春夏季节在适宜温湿度下，病残体上的菌丝体萌发，产生分生孢子，分生孢子随气流和雨水传播到玉米叶上形成侵染。病菌约3～4天完成一个侵染循环，一个生长季内只要条件适宜可完成多次再侵染。高温高湿利于病害流行，低洼积水田块和连作地块发病重。品种间抗病性差异明显。

图3-45　抗病品种病斑　　　　　　　图3-46　密布病斑的叶片

防控弯孢叶斑病，重点是选种抗病品种，轮作倒茬。发病初期可用10%苯醚甲环唑水分散颗粒剂3 000～5 000倍液、50%异菌脲可湿性粉剂1 000～1 500倍液、70%代森锰锌可湿性粉剂500～800倍液，任选其一喷雾防治，隔7～10天喷1次，连喷2～3次。

（三）疯顶病

玉米疯顶病又称大孢指疫霉病，病原菌为大孢指疫霉，属鞭毛菌亚门指疫霉属真菌，是外来毁灭性、系统性侵染病害，玉米播种后至5叶期为主要侵染期。田间积水利于游动孢子游动而易于病菌侵染，对各产区玉米均有威胁，但春玉米尤甚。苗后各生育时期均可发病，且症状多样。穗期发病，主要有3类症状：一是拔节后，病株逐渐矮于健株，叶色变浅，现浅绿或黄绿色条纹，背面条纹有光泽、更明显，条纹处叶片表面褶皱（图3-47）；二是过度分蘖或叶片异常簇生而不抽雄（图3-48），叶簇生株或矮化，或异常增高（图3-49），异常增高株有的多雌穗；三是叶片展开不畅，顶部叶片或卷曲成弓形，或扭曲成团，或紧缩在一起。

图3-47 疯顶病穗期叶部症状

图3-48 疯顶病致叶簇生（右图引自王晓鸣资料）　图3-49 疯顶病致植株异常增高

穗期，发现叶片出现浅绿至黄绿条纹，条纹上叶面褶皱；或叶片簇生，或顶部叶片扭曲、团缩，以及植株异常增高时，这样的植株可确诊感染了疯顶病，应随时拔除，带出田间妥善处理。无保留价值的重病田尽早毁种适时作物，但不应秸秆还田。病菌通过种子以卵孢子或菌丝形态远距离传播，也能以卵孢子在病残体或土壤中越冬，成为来年侵染源。重病田轮作倒茬、杀菌剂处理种子是防病的关键。施用牛粪时需彻底腐熟，秸秆过腹还田不一定能将病菌杀死，图3-48左图为基施未腐熟牛粪后出现的病株。一般情况下，夏播疯顶病发生概率显著低于春播，夏玉米区发生病害，多因种子带菌和种子未用杀菌剂包衣所致，目前夏播区尚无高产抗病品种。

（四）瘤黑粉病

玉米瘤黑粉病病原为玉蜀黍黑粉菌，为担子菌亚门黑粉菌属真菌；该病广泛分布于各玉米产区，是玉米重要病害之一。鲜食品种审定时，该病为高感一票否决病害；普通品种高感也可通过审定，故生产上不乏高感品种。

病菌主要以冬孢子在病株残体、土壤、粪肥和种子表面越冬，经风雨和昆虫等传播，高温高湿气候是诱发该病的重要条件。进入雨季，不抗病品种也就进入了病害重发高发期；昆虫或风雹危害，给植株造成伤口，利于病菌侵染。河北秦皇岛、唐山、廊坊及沧州北部地区降雨较充沛，易受该病严重危害。穗期，如果叶面（图3-50）、主脉（多于叶背面）（图 3-51）、心叶基部与叶鞘（图 3-52）、叶腋处（图 3-53）出现了形状不一、大小不等的白色、淡黄色、浅绿色或带紫红色瘤状凸起，这些凸起物均为瘤黑粉病菌瘿。起初菌瘿外裹薄膜、肉质多汁，后渐变为灰白、灰黑色，薄膜破裂后散出黑粉（病原菌冬孢子）。

图 3-50　叶片上瘤黑粉病瘿　　　　　　　　图 3-51　叶主脉上瘤黑
粉病瘿

图 3-52　心叶基部与叶鞘处瘤黑粉病瘿　　　图 3-53　叶腋处瘤黑粉病瘿

瘤黑粉病是玉米苗后、地上任何部位均可发病的局部侵染性病害。拔节后，杂交种只要心叶、果穗未被侵染，通常危害较轻。品种间抗病性差异显著，选种抗病品种，雨季前注意防治虫害，雨后、雹后适时喷施杀菌剂，重点防控心叶、果穗被侵染，是控制其危害的关键。

（五）鞘腐病

玉米鞘腐病一般指由层出镰孢菌侵染叶鞘而引起的病害。病原菌可在病残体、土壤或种子上越冬，来年随风雨传播，中后期降雨较多时发病重，近年来，辽宁、河北中南部、河南、山东等地时有发生。病害发生在植株中下部叶鞘上，一般不入侵茎秆。在叶鞘上，初发病时呈水浸状斑点（图 3-54）。随着病害发展，斑点逐渐扩展为椭圆或不规则形状，褐色；叶鞘内侧褐变重于外侧。在温湿度适宜时，病斑上会呈现白色或粉白色霉状物（病菌菌丝及孢子）。病害严重时，该叶鞘上叶片干枯。品种间抗性有差异，中科 11 较郑单958 易感鞘腐病；喇叭口期后高温多雨是引发鞘腐病的重要条件，初发病时对中下部叶鞘喷施多菌灵和甲基硫菌灵高效。

图 3-54　鞘腐病症状

　　其实，有多种病原菌可引起鞘腐，包括禾谷镰孢菌、串珠镰孢菌、节壶菌以及细菌等；有时还混合发生，病斑多样；有干腐，也有湿腐。条件适宜时，因病原菌不同，病斑上可见白色、红色、粉红色、灰黑色、紫色等各色霉层。玉米生育后期，一些病害形成大块病斑后与层出镰孢菌引起的鞘腐病容易混淆、难以甄别，如纹枯病、褐斑病及北方炭疽病（眼斑病）。层出镰孢菌鞘腐病仅侵染叶鞘，不侵染茎与叶片。纹枯病病斑云纹状，发病严重时，紧贴叶鞘病斑处的茎秆也会被侵染。叶鞘上褐斑病大的病斑多由黑褐色小斑发展、串连形成，边界不规则，周围常有较小的病斑。眼斑病在叶鞘上，病斑散生、褐色，无灰白色或褐色边缘。

第三节　穗期部分虫害辨识与防控

一、地下刺吸式害虫

　　穗期植株长势不均，原因主要有三：一是种子纯度差或发芽势不一；二是地力不均或种植管理不当；三是病虫害。制种去雄不彻底、自交株多，新陈种子混播，播种深度不一致，大小苗会在田间均匀分布，除非将自交系误当杂交种种植（图 3-55）。地力不均以及用药、施肥、灌溉管理不当引起的长势不一，小苗会在田间呈片状或条带状分布；病虫害在田间多点片发生。根腐病、苗期茎基腐病、病毒病等以及地下刺吸式害虫危害，一般不会致植株死亡，却影响长势，

图 3-55　误将自交系作杂交种种植（右 3 行）

造成弱小苗。地下刺吸式害虫危害，也是苗期根腐病及后期茎腐病重发的诱因。

　　玉米拔节后生长加速，田间若有地下刺吸式害虫危害，会很快显现大小苗、生长整齐

度差等现象。地下刺吸式害虫造成的植株长势偏弱，常使农户误归咎于农资质量或者水肥管理不到位。

黄淮海夏播区，危害玉米的地下刺吸式害虫主要有3种，分别是耕葵粉蚧、麦根蝽和根蚜，前两种常见。20世纪80～90年代，山东潍坊、江苏东台先后发现麦拟根蚜（*Paracletus cimiciformis*）、红腹缢管蚜（*Rhopalosiphum rufiabdominalis*）和秋四脉绵蚜（*Tetraneura akinire*）在玉米根部危害。这些根蚜除危害玉米外，还危害小麦、高粱及禾本科杂草。麦拟根蚜夏眠，主要在6月中旬前和9月后危害玉米。河北未见根

图3-56　小麦根蚜

蚜危害玉米报道，但在石家庄市赞皇县农田发现过根蚜危害小麦（图3-56）。

（一）耕葵粉蚧

耕葵粉蚧属同翅目粉蚧科害虫，20世纪80年代末首先在河北省赵县、满城区发现。在河北中南部一年发生3代，6—7月给玉米造成严重危害的是第二代。除玉米外，该虫还危害小麦、谷子、高粱等作物及禾本科杂草。在黄淮海夏播区，小麦-玉米连年轮作，种植结构单一，使该虫可周年危害，虫口基数得到了积累，并且随着免耕播种、秸秆还田、旋耕普及和跨区作业的持续，该虫河北、山东、河南、山西已普遍发生，还传播到了辽宁。该虫以成虫、若虫在玉米根部及近地面叶鞘内侧刺吸汁液造成危害，干旱年份，有裂缝的黏土地和质地疏松的沙土地危害较重。受害株茎叶发黄，下部叶片早枯，似水肥不足；重者全株枯萎死亡，可造成绝收。

挖出根后，若分蘖节周围有灰白色蜡粉状物质及形似鼠妇的虫子，就可判定植株受到了耕葵粉蚧的危害（图3-57）。近年来随着包衣种子的普及，该虫危害得到了有效控制。有其危害地块，建议播前用吡虫啉或噻虫嗪种衣剂二次包衣；生长期间发现危害时结合浇水全田灌药，亩施50%辛硫磷乳油1～2千克。

图3-57　耕葵粉蚧危害部位及被害株基部长相

（二）麦根蝽

麦根蝽又名根土蝽，俗称地臭虫，属半翅目土蝽科，有极臭气味。主要分布在东北、华北、西北、华东地区。以成虫、若虫在地下刺吸植物根部汁液造成危害，主要危害作物是小麦、玉米。危害小麦，症状不明显，被害处看上去叶色略黄、株高略低、群体略小（图3-58）。危害玉米症状明显，轻者造成植株矮小，叶片枯黄，重者造成植株死亡，使田间缺苗断垄甚至绝收（图3-59）。该虫成虫褐色，红小豆般大小；若虫黄色；卵橄榄形，白色（图3-60）；每年7月下旬至8月上旬、湿热天气或雨后是成虫出土、迁飞、交尾、产卵之时，2～3年一代。7月下旬调查显示，危害严重处耕层土壤中，最高可有虫1700余头/米^2。

图3-58　麦根蝽对小麦的危害

图3-59　麦根蝽危害株及重危害地块

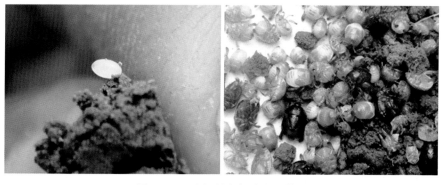

图3-60　麦根蝽卵与成虫、若虫

麦根蝽主要活动在深5～25厘米土层中。挖出根后，如果嗅到根和土壤有其特有臭味，就可进一步找虫，确诊危害。严重危害地块，翻起土壤甚至从地边经过，都可闻到臭味。麦根蝽入土深（可达70厘米以上）、抗药性强。河北藁城朱家寨村民试验结果显示，玉米生长季节每亩灌施8瓶辛硫磷（50％乳油500毫升/瓶）和3瓶毒死蜱（48％乳油300毫升/瓶），防效也不理想；在玉米生长季节，需用甲基异柳磷等全田灌药。

近年来，由于小麦-玉米连作、高毒农药禁用、多数种衣剂中杀虫成分对该虫无效，以及农民对该虫缺乏认知等原因，使得该虫危害程度呈上升趋势。防治该虫，最佳时机在小麦孕穗期，此时气温回升，麦根蝽刚由地下深处迁至耕层危害，饥饿瘦弱，抗药性差。有麦根蝽地块，可结合小麦吸浆虫蛹期防治及浇孕穗水，全田灌施48％毒死蜱乳油1～2千克/亩。玉米播前，用氟虫腈或含氟虫腈的种衣剂（如"速拿妥"）二次包衣。

二、鳞翅目食叶害虫

（一）玉米螟

玉米螟属鳞翅目螟蛾科害虫（图3-61），国内主要有两种，一是亚洲玉米螟（*Ostrinia furnacalis*），遍布全国各玉米产区；二是欧洲玉米螟（*Ostrinia nubilalis*）。内蒙古、宁夏、河北一带是两种玉米螟混生区，新疆以欧洲玉米螟为主。

图3-61　玉米螟成虫、蛹及老熟幼虫

抽穗前玉米螟幼虫主要在喇叭口内危害，危害心叶可造成花叶或排孔；危害未抽出的雄穗（图3-62），可将小花毁坏。抽穗后还钻蛀茎秆、穗柄，蛀食花丝、穗轴、籽粒，引起茎折、穗腐、粒腐。叶片上有圆形横向排孔，是诊断其食叶危害的标志。排孔直径与虫龄大小和叶片被害时伸展程度有关，伸展早期大虫危害，孔径大。草地贪夜蛾也可造成排孔，但孔形不及玉米螟的规整。

（二）棉铃虫

棉铃虫（图3-63）属鳞翅目夜蛾科害虫，幼虫体色多样（图3-64），各区均有分布。穗期，棉铃虫以幼虫危害玉米，低龄幼虫咬食叶片，可在叶片上造成透明膜状斑

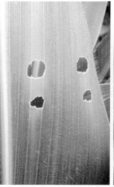

图 3-62　玉米螟危害叶与心叶内雄穗

（取食上表皮和叶肉后留下下表皮）或小圆穿孔（图 3-65）；大些的幼虫则造成受叶脉限制的长条孔洞，4 龄后危害加重，可将心叶咬断、咬烂或叶片上咬出大的不规则孔洞及缺刻，玉米抽穗后还危害雄穗、花丝，蛀食灌浆籽粒，造成减产。棉铃虫幼虫身上长有毛瘤，毛瘤颜色随体色或黑色，体表密生长而尖的小刺。

图 3-63　棉铃虫成虫

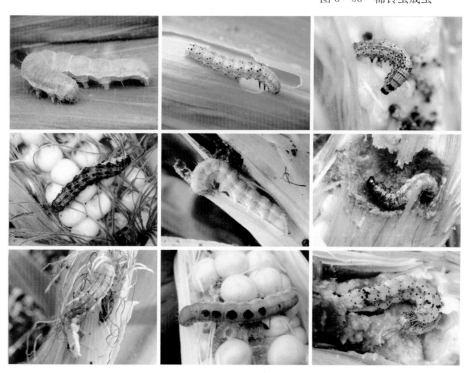

图 3-64　部分体色的棉铃虫幼虫

图 3-65　棉铃虫危害叶片

（三）甜菜夜蛾

甜菜夜蛾（图 3-66）属于鳞翅目夜蛾科，是一种具迁飞性、间歇性大发生的害虫，不同年份发生量差异很大。全国玉米产区均有分布。在华北一年发生 3～4 代，长江流域一年发生 5～6 代，有世代重叠现象。在长江以北地区以蛹在土室内越冬，6 月下旬至 7 月下旬是危害盛期；在华南地区无明显越冬现象，可终年繁殖危害。在河北玉米上，其虫口密度显著低于玉米螟和棉铃虫。

图 3-66　甜菜夜蛾成虫

历史上（1956—2008 年），全国有 17 个省份有甜菜夜蛾暴发记录，其中记录 1～4 次的有 8 个省份，包括天津、北京、海南、湖南、云南、广西、辽宁、福建；记录 5～9 次的有 5 个省份，即湖北、安徽、上海、江西、陕西；记录 10 次以上的有 4 个省份，即山东（13 次）、河南（13 次）、浙江（13 次）、江苏（34 次）。按经纬度进行统计，甜菜夜蛾有暴发记录的纬度范围为北纬 21.44°～41.97°，即从南部福建莆田至北部辽宁抚顺；经度范围为东经 107.09°～123.97°，即从西部陕西关中地区至东部辽宁抚顺。暴发最频繁的纬度范围是北纬 28°～38°，约占总频次的 89.3%，暴发最频繁的经度范围是东经 113°～121°，约占总频次的 81.8%。需要说明的是，这些暴发记录多以危害当地蔬菜和棉花等为主。

甜菜夜蛾以幼虫咬食叶片造成危害。低龄幼虫咬食叶片，可形成半透明膜状斑，但更多的是顺叶脉咬食，形成宽度受叶脉限制的长条孔洞，未断的纤细叶脉与残余叶片呈网状（图 3-67）；4 龄后幼虫食量大增，蚕食叶片症状与棉铃虫或黏虫相近。幼虫体色也与部分棉铃虫相仿，但体表光滑、无毛瘤，腹部气门下线为明显黄白色纵带，有时带粉红色，纵带直达腹部末端（图 3-68）。

图 3-67　甜菜夜蛾低龄幼虫危害症状

图 3-68　甜菜夜蛾幼虫

（四）黏虫

　　黏虫，又名五色虫、行军虫等，属鳞翅目夜蛾科，是一种迁飞性、暴食性食叶害虫（图 3-69）；食性杂，除玉米外，还食害百余种植物，是全国性重大农业害虫。黏虫虽然在各地玉米整个生长期间都可见，但集中迁飞降落区易成灾。2012 年，东三省曾暴发严重危害，当年辽宁的沈阳、阜新、锦州 3 个市的 7 个县（市）农作物受灾面积 21.14 万公顷，其中绝收 2.48 万公顷，直接经济损失 8 亿元；吉林的长春、白城、松原、四平 4 个市的 22 个县（区、市）农作物受灾面积 44.89 万公顷，其中绝收 1.48 万公顷，直接经济损失 9.3 亿元；黑龙江农作物受灾

图 3-69　黏虫成虫与幼虫

面积 7.22 万公顷，其中绝收 0.27 万公顷，直接经济损失 2 亿元。

　　黏虫抗寒能力差，在北纬 33°以北不能越冬，进入秋季后需向南迁飞，迁飞距离可达 1 400 千米。我国每年黏虫有 4 次大规模迁飞危害活动。春夏季第一、二次多由低纬度或低海拔向高纬度或高海拔地区迁飞；秋季第三、四次多由高纬度或高海拔向低纬度或低海拔地区回迁。我国根据黏虫越冬、迁飞危害规律划分为 4 个主要发生区。①越冬代发生区，主要位于广东、广西、云南、福建以及贵州西南和东南部分地区，2—4 月羽化后陆续迁往一代发生区。②一代发生区，位于上海、浙江、江苏、安徽、河南及山东省南部地区。3—4 月危害小麦，5 月中旬至 6 月初羽化，迁往二代发生区。③二代发生区，包括东三省、内蒙古、河北北部、山西、山东半岛及天津、北京一带，西北的陕西、甘肃、宁夏，西南的云南、贵州、四川等地。6—7 月危害玉米、小麦、谷子、高粱等禾本科作物。

7月上中旬羽化迁往三代区危害。④三代发生区，位于河北中南部和唐山一带、河南北部、山西、山东、北京和天津，有的年份可扩展至江苏北部部分地区，幼虫8月间危害玉米、高粱和谷子等作物。8月底至9月上中旬羽化陆续回迁至华南越冬代发生区危害。黏虫在迁飞过程中，遇气旋中心区、冷锋区和雷暴、降雨，随时可能集中就地降落，对降落地造成危害，河北秦皇岛、唐山、廊坊及沧州部分地区8、9月常因此受三代黏虫危害。

黏虫幼虫主要危害叶片，多从叶缘开始咬起；后期也咬食花丝。危害幼苗时，叶片可基本被吃净，仅剩基部茎、鞘（图3-70）；穗期虫口密度不大时，被害叶片会出现大的缺刻或碎块；密度大时被蚕食叶片仅剩主脉，造成严重减产（图3-71）。大暴发时，成虫栖息、产卵和幼虫危害均有群聚习性。在局部区域，播期相对偏晚地块易受害且受害重，抽穗前受害可造成绝收；草多地块易受害（图3-72）。春、夏玉米混作区，夏播高麦茬、杂草生长量大的地块虫口密度也大，百株有虫可超千头；被害严重地块与一般地块界限明显。老熟幼虫体长38~40毫米，头黄褐色至淡红褐色，有暗褐色网纹，头正面有近八字形黑褐色纵纹（图3-73）；体色多变，背面底色有淡绿色、淡褐色、黑褐色至黑色，大发生时多呈黑色；背中线白色，边缘有细黑线，两侧各有2条极明显的淡色宽纵带，上方的深红褐色，下方的黄白色、黄色、褐色或近红褐色，两纵带的边缘均饰灰白色细线。

图3-70　黏虫危害叶片

图3-71　冀东夏玉米黏虫严重危害田

图 3-72　杂草丛生地块受灾重（高旭忠提供）

图 3-73　黏虫头部

（五）草地螟

草地螟为螟蛾科害虫，对东北、西北和华北北部春玉米危害较重。1949 年以来，曾于 1956 年、1979 年、1980 年、1982 年和 2018 年在东北严重发生。在河北省农林科学院粮油作物研究所藁城堤上试验站可见该虫成虫（图 3-74），但未观察到对当地玉米危害。在北方，该虫以老熟幼虫在丝质土茧中越冬，农田越冬幼虫密度高于草场和林地，种植春小麦、亚麻、豆类作物的农田越冬幼虫最多。越冬代成虫始见于翌年 5 月中下旬，6 月为盛发期；成虫羽化后，会从越冬地迁往发生地，在发生地繁殖 1～2 代后，再迁回越冬地，具远距离迁飞习性。6 月中旬至 7 月中旬是严重危害期，一代幼虫是严重危害代。

草地螟成虫需要补充营养和水分，性器官才能充分发育。蜜源植物丰富利于其发生，低洼湿地、江河周边等地方发生数量较多，靠近草甸、撂荒地、沟塘等杂草丛生的农田受害较重。幼虫主要发生在杂草上，尤其是藜科杂草。在春播区一些地方，藜科杂草发生相当重（图 3-75）。幼虫具群集爬行迁移习性，3 龄后向作物田迁移危害。1 龄幼虫淡黄至淡绿色，体背有许多暗褐色纹；3 龄幼虫灰绿色，体侧有若干条纵带，周身有毛瘤；5 龄多为灰黑色，两侧有鲜黄色线条。低龄幼虫常吐丝结网群集危害，从叶背面取食叶肉，留上表皮，使被害处呈透明膜状；高龄幼虫蚕食叶肉后留下叶脉呈网状。抽穗后还危害花丝、苞叶和幼嫩籽粒。

图 3-74　草地螟成虫

图 3-75　藜科杂草重发田

（六）灯蛾幼虫

灯蛾为鳞翅目灯蛾科昆虫的总称，灯蛾幼虫俗称毛毛虫。危害玉米的主要有红缘灯蛾、红腹灯蛾、黄腹灯蛾及外来物种美国白蛾等。红缘灯蛾（图3-76）和红腹灯蛾（图3-77）南北方均有发生，黄腹灯蛾（图3-78）在华北、东北及西南等地有发生，美国白蛾（图3-79）现已扩散到辽宁、天津、北京、河北、山东和陕西等地。灯蛾在国内多一年2～3代，以幼虫（毛毛虫）危害玉米叶片、雌穗、花丝和籽粒（图3-80），造成减产。

图3-76 红缘灯蛾

图3-77 红腹灯蛾

图3-78 黄腹灯蛾

图3-79 美国白蛾

图 3-80　灯蛾幼虫

低龄灯蛾幼虫危害叶片，有的可造成透明膜状，如美国白蛾（阔叶树下玉米可见）；大龄幼虫危害时，一般从叶尖、叶缘咬起，造成大的缺刻。除了灯蛾外，我国还广泛分布一些食叶毒蛾科害虫及刺蛾科害虫（图 3-81），对玉米都有类似危害。

图 3-81　毒蛾（左）与刺蛾（右）

（七）稻苞虫

稻苞虫是弄蝶科稻弄蝶属幼虫，种类较多，属局地间歇性暴发害虫。成虫昼出夜伏；幼虫头扁中凹，体型中段肥大、两端较细，长纺锤形（图 3-82）。幼虫常于近叶尖处咬

图 3-82　稻苞虫成虫与幼虫

一缺刻，再吐丝将叶缘卷缀成苞，藏于苞内取食危害。老熟幼虫也在苞内化蛹，蛹苞两端紧密，呈纺锤形。蚕食叶片时始于叶缘，造成缺刻，类似灯蛾危害。当地蜜源植物多、6—7月降雨量和降雨日数多则利于其发生，高温干旱不利于其发生。

（八）草地贪夜蛾

草地贪夜蛾又名秋黏虫，为鳞翅目夜蛾科灰翅夜蛾属害虫，与甜菜夜蛾、斜纹夜蛾同属，具杂食性、迁飞性、暴发性特点，可致玉米减产20%～30%。2016年，由美洲侵入西非（尼日利亚）；2018年5—12月先后侵入印度、也门、斯里兰卡、孟加拉国、缅甸和泰国等国家；2019年3月在越南、老挝先后发现，5月侵入印度尼西亚，6月在韩国发现，7月在日本发现。在我国，2019年1月，在云南省普洱市江城哈尼族彝族自治县冬玉米上首先监测到该虫，当年就扩散蔓延至西南、华南及黄淮地区26个省份、1 524个县；2019年8月中旬至9月初，河北数县晚播玉米上也先后发现该虫。侵入我国的主要生态型是喜食玉米、高粱的玉米型。

草地贪夜蛾每年随季风北迁，在冬季最低温度10 ℃以上的区域可终年繁殖。在美国，得克萨斯州、佛罗里达州为终年繁殖区；我国华南地区（海南、广东、广西、云南南部等）可越冬。雄成虫前翅深棕或黑灰色，前翅末端外侧各具一白斑（图3-83）；雌成虫前翅具暗纹，特征斑不明显。卵聚产于叶面；卵块上多被鳞毛，有卵几十至数百粒不等（图3-84）。初孵幼虫灰绿色，头黑色、宽于体；低龄幼虫有浅绿、灰绿、浅黄或浅褐等体色；老熟幼虫深褐色，头具Y形纹（图3-85），体尾腹节背部有4个呈近似正方形排列的大黑毛瘤（低龄幼虫毛瘤颜色接近体色，不明显），体表较光滑。初孵幼虫取食卵壳后爬向叶尖，利用吐丝垂飘扩散到周围植株上危害；低龄幼虫叶面取食可造成膜状半透明斑；3龄以上幼虫主要在心叶中危害，可将叶片咬烂或造成形状不规则的排孔。该虫还危害幼苗茎基部、未抽出的雄穗，蛀食茎与穗柄，咬食花丝，钻蛀雌穗取食籽粒并引发穗粒腐病（图3-86）。在制繁种田危害，造成大量霉变粒与破损粒，严重影响种子质量，增加种子加工难度及成本。高龄幼虫具相互残杀习性，危害心叶时一般一株一虫，但危害果穗时一穗有虫2头以上很普遍（图3-87）。

图3-83　草地贪夜蛾雄虫（左、中）与雌虫（右）

图 3-84 草地贪夜蛾卵块

图 3-85 草地贪夜蛾幼虫

图 3-86 草地贪夜蛾危害

　　某些体色的棉铃虫与草地贪夜蛾幼虫特征接近，头有 Y 形纹，尾部也有 4 个较大黑毛瘤，但体表粗糙有刺毛，背线色深于体背底色或不明显（与底色相同），有的背线之间密布深浅相间、贯穿首尾的细纵纹（图 3-88）。草地贪夜蛾幼虫体表无毛瘤处较光滑，背线色浅于体背底色，背线间无明显细纵纹。

图 3-87　被害果穗

图 3-88　与草地贪夜蛾老熟幼虫特征相近的棉铃虫

(九) 鳞翅目食叶害虫防治

穗期危害玉米的鳞翅目害虫还有斜纹夜蛾（图 3-89）等。对于鳞翅目害虫，可在发生时用 20% 的氯虫苯甲酰胺悬浮剂 5～10 毫升/亩喷雾防治，此药持效期达 15 天以上，且对菊酯类、有机磷类农药难以杀灭的大龄棉铃虫高效。有蓟马、黑麦秆蝇危害时，改用乙基多杀菌素、吡丙醚等兼防。茚虫威、甲氨基阿维菌素苯甲酸盐对螟虫也有较好防效，30% 茚虫威水分散粒剂亩用 6.6～8.8 克，15% 茚虫威悬浮剂亩用 8.8～17.6 毫升；3.8% 甲氨基阿维菌素苯甲酸盐乳油亩用 55～70 毫升；吡丙醚与甲氨基阿维菌素苯甲酸盐或茚虫威混施效果更佳。

图 3-89　斜纹夜蛾（引自石洁资料）

防治穗期新老绿色叶片都危害的害虫如黏虫、灯蛾幼虫、稻苞虫及叶甲等，可以飞机施药，但防治主要在喇叭口内深处取食鲜嫩组织的害虫如草地贪夜蛾等，仅建议用常量喷雾器足量兑水施药，不推荐飞机施药。飞机施药只能使玉米裸露组织表面附着一层药液薄雾，不会有药液灌入喇叭口中，害虫取食不到附着药雾的叶片，选用的杀虫剂若无内吸传导性或熏蒸作用，不会有理想防效。

三、鞘翅目食叶害虫

（一）褐足角胸叶甲

褐足角胸叶甲属鞘翅目肖叶甲科害虫，主要分布在东北、华北、西北、华东、华中、西南和华南等地。成虫体色变异较大，除常见红棕与铜绿两种鞘翅色外（图3-90），还有蓝绿型、黑红胸型、黑足型等。在玉米上，主要以成虫食叶造成危害，也取食花粉、花丝（图3-91），是夏玉米重要的食叶害虫之一。玉米叶片被咬食，或形成叶脉相隔的网状孔洞，或失去上表皮及叶肉、仅留下表皮而呈透明膜状，严重时吃光叶肉，仅残留叶脉，影响产量。冀中南春播玉米6月上中旬始见危害，夏玉米拔节后进入危害盛期，直至花丝萎蔫。氯虫苯甲酰胺对该虫有较好防效，该虫发生时可与鳞翅目害虫一并防治，亩施20%氯虫苯甲酰胺悬浮剂5～10毫升。

图3-90 褐足角胸叶甲

图3-91 褐足角胸叶甲危害

（二）双斑萤叶甲

双斑萤叶甲属鞘翅目叶甲科，国内多数省区均有发生，但北方春播区发生面积大、危害重。主要以成虫危害玉米叶片、雄穗、花丝及籽粒。该虫一年发生 1 代，成虫（图 3-92）长卵形，头棕黄色，鞘翅布有线状细刻点，每个鞘翅基部具一近圆形淡色斑，四周棕黄或黑色，淡色斑外侧多不完全封闭，两翅后端合为圆形。以卵在表土下越冬；翌年 5 月上中旬孵化，幼虫孵出后在表土层危害作物或杂草根部，30～40 天后在土中作土室化蛹；6 月下旬至 7 月上旬成虫始发，7 月中下旬至 8 月下旬成虫群集到玉米、谷子、高粱、棉花等作物上危害。玉米抽穗前主要危害叶片，取食叶背叶肉，留上表皮，形成网状斑块（图 3-93），造成的孔洞少于褐足角胸叶甲。发生时可用氯虫苯甲酰胺喷防，也可用 1.8％阿维菌素乳油 2 500～3 000 倍液或 20％氰戊菊酯乳油 2 000 倍液喷雾防治。

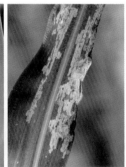

图 3-92　双斑萤叶甲　　　　　图 3-93　被双斑萤叶甲危害叶片的正、背面症状

（三）玉米铁甲虫

玉米铁甲虫属鞘翅目叶甲科，是区域性害虫，主要分布于广东、广西、云南和贵州。每年 1～2 代，越冬代成虫及第一代幼虫主要危害当地春玉米，早播秋玉米可能受第二代危害。该虫以成虫在玉米地附近山上、沟边草丛或甘蔗上越冬，4 月后成虫从越冬场所迁到玉米地危害。成虫有趋绿、趋密和假死性，嫩绿、长势旺的玉米易受害。成虫危害时，顺着叶脉咬食一层表皮及叶肉，留下一层表皮，造成长短不一的白色膜状条斑；卵产于叶肉中，幼虫孵化后潜食叶肉，被害处仅留上下表皮，形成白色枯斑；严重受害时，造成大量叶片枯死。

该虫幼虫危害类似潜叶蝇，所不同的是，潜叶蝇常单虫存在，危害的虫道多条状、与叶脉平行，白斑面积小，造成不了太大影响。铁甲虫 1 头幼虫可危害叶面积 5～6 厘米^2，大发生时每叶有虫十几头至几十头不等，每头虫危害的白斑串连后可形成大白斑，严重危害时全田看上去一片枯白，造成绝收。每年 4 月上中旬为成虫防治关键期，4 月下旬至 5 月下旬为幼虫防治关键期。药剂防治，亩用 40％氰戊菊酯乳油 12 毫升加 25％杀虫双水剂 200 毫升兑水喷雾。

（四）其他鞘翅目害虫

玉米前中期，有多种鞘翅目害虫可危害刚出土的胚芽鞘和生长期间叶片。夏玉米晚播田，刚出土的胚芽鞘可在一夜之间被这类害虫齐地表全部咬光，虽不影响出苗，但会影响幼苗长势。小青花金龟有群集危害习性，危害时，整株玉米叶片可被蚕食得残破不堪，残留叶上布满污物（图 3-94）。苹毛丽金龟（图 3-95）、铜绿丽金龟（图 3-96）、黑绒鳃金龟（图 3 - 97）以及象甲（图 3 - 98）等均可蚕食叶片，使叶片产生缺刻或孔洞。

　　河北东部沧州以北部分地区，蛴螬及金龟子危害较重。对于金龟子类害虫，利用其强烈趋光性，杀虫灯诱杀，高效环保，最多时，一台频振式杀虫灯每晚可诱虫 2 千克以上。化学防治可用 1.8％阿维菌素乳油 2 500～3 000 倍液或 4.5％高效氯氰菊酯乳油 1 000～1 500 倍液喷雾。

图 3 - 94　小青花金龟危害

图 3 - 95　苹毛丽金龟及危害

图 3 - 96　铜绿丽金龟

图 3 - 97　黑绒鳃金龟

图 3 - 98　象甲危害状

四、刺吸式地上害虫

（一）蚜虫

蚜虫属半翅目同翅亚目蚜科害虫，以成、若虫在玉米上刺吸汁液和传播病毒病来形成危害，叶片、叶鞘、心叶、雄穗、苞叶、花丝甚至根系上都可能见到。危害地上部的有多种，除了玉米蚜外（图3-99），还有麦长管蚜、麦二叉蚜、禾谷缢管蚜等（图3-100）。

图3-99 玉米蚜

图3-100 各种蚜虫

生育前中期蚜虫虫口密度较小，对玉米刺吸危害，多不会严重影响产量，但传播矮花叶病却是致命的；大喇叭口期以后，随着单株虫口数量的增加，其直接危害必须予以警惕。抽穗前心叶重感蚜虫，将影响雄穗发育，可导致不能抽雄或无花粉；吐丝前雌穗上重感蚜虫，常不能吐丝与受粉（图3-101）；无论心叶还是果穗上，较早重感蚜虫，往往造成空秆与小穗株；叶鞘上重感蚜虫，可引起鞘腐乃至叶片早枯。河北深州曾有一片20余亩的晚春播玉米田，因抽雄前未进行蚜虫防治，矮化空株率超过了90%。蚜虫终生可孤雌生殖，高温干旱年份发生多、虫口增长快；蚜虫的孤雌生殖习性使得其在植株某个部位常群聚危害，并对这个部位营养状况造成严重影响。通常玉米大喇叭口期以后至抽雄前，应选吡虫啉或菊酯类杀虫剂与氯虫苯

图3-101　心叶与果穗重感蚜虫

甲酰胺混配飞喷一次，一是预防蚜虫抽雄前后暴发造成大量空株；二是兼防心叶中螟虫授粉前后转移蛀茎、蛀穗。

（二）叶蝉

叶蝉泛指半翅目同翅亚目叶蝉科害虫。河北叶蝉普遍体型较小，最常见的条纹沙叶蝉仅体长2~3毫米；在甘肃武威拍到的大青叶蝉，体长超过了7毫米（图3-102）。叶蝉与蚜虫相比，繁殖力低、虫口密度小，在黄淮海地区，因对玉米直接危害轻而并不引人关注，国内外研究焦点主要集中在其传播病毒病上。西南地区重要病害鼠耳病就由二点叶蝉与斑翅二室叶蝉传毒，主要发生在美国南部的玉米褪绿矮缩病由黑面叶蝉传播，主要发生于墨西哥、秘鲁、巴西、哥伦

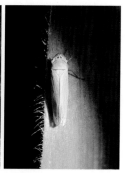

图3-102　条纹沙叶蝉与大青叶蝉

比亚、乌拉圭及美国的玉米细条病由玉米黄翅叶蝉传播，主要分布于拉丁美洲和非洲一些国家的玉米花叶病由菲岛玉米叶蝉传播，玉米线条病毒病、玉米条纹病毒病分别由叶蝉和蜡蝉传播。

（三）蝽类害虫

蝽类害虫泛指半翅目蝽科、缘蝽科、盲蝽科等科害虫。如果叶片上出现枯白斑（图3-103），或大或小，形状不规则，有的边缘放射状、似雪花（如茶翅蝽若虫危害）；或疏或密，排列有序或无序；枯斑中间有的膜状透明或穿孔，多为这类害虫成、若虫刺吸造成。危害幼苗时，在叶片上形成排列规律的穿孔和枯斑，易与黑麦秆蝇危害症状混淆，注意甄别。

蝽类害虫种类繁多，河北危害玉米的就有赤须盲蝽、甘薯跳盲蝽、谷子小长蝽、三点盲蝽、花肢淡盲蝽、绿盲蝽、斑须蝽、茶翅蝽、二星蝽及点蜂缘蝽（图3-104）等；以危害叶片为主，常造成叶片上出现枯斑，部分种类后期也危害花丝。一般体型小的造成的枯

图3-103 半翅目害虫危害症状

图3-104 部分半翅目害虫

a. 赤须盲蝽 b. 甘薯跳盲蝽 c. 小长蝽 d. 三点盲蝽 e. 花肢淡盲蝽

f. 绿盲蝽 g. 茶翅蝽 h. 斑须蝽 i. 二星蝽 j. 点蜂缘蝽

斑也小，多白点状，如甘薯跳盲蝽（图 3 - 105）；体型大的造成的枯白斑也大，甚至为膜状透明斑或穿孔，如斑须蝽和二星蝽。该类害虫危害严重时，叶片可布满白点；长势差、株高矮、郁闭的植株叶片易受害。

图 3 - 105　甘薯跳盲蝽危害症状

　　二星蝽体型约为斑须蝽、茶翅蝽的 1/4，因小盾片两侧基角处各有一黄白色小点而得名，在上述蝽类害虫中，危害造成的膜状透明斑或穿孔最大。在石家庄，3 月下旬就始见于麦田；危害玉米时，常在叶片近基部取食，正反两面均可危害；既在叶肉处危害，也危害中脉；危害正面中脉，起初造成水浸状近圆形斑，危害叶肉则造成膜状透明斑或穿孔；危害斑常数个纵向排列（图 3 - 106）。

图 3 - 106　二星蝽危害症状

111

一般情况下，当年麦季多雨，玉米季蟓类害虫就较多，危害也较重。药剂防治蟓类害虫，可用 4.5％高效氯氰菊酯乳油、20％氰戊菊酯乳油或 2.5％溴氰菊酯乳油 2 000 倍液喷雾防治，还可用 0.5％的苦参碱水剂 800～1 000 倍液喷雾防治。

（四）叶螨

叶螨俗称红蜘蛛，在我国广泛分布。危害玉米的种类有截形叶螨、朱砂叶螨和二斑叶螨，均属蛛形纲真螨目叶螨科，都以成、若虫刺吸玉米叶背组织汁液，被害处呈现褪绿斑点（图 3 - 107），严重时叶片黄白，叶缘或整个叶片干枯，影响光合效率，致籽粒秕瘦而减产；玉米生长期间均可危害。叶螨发生时，一般先在植株下部叶上取食活动，再逐渐向上蔓延；叶背中脉两侧及微凹处易最先集中受害，受害处有蛛丝。叶螨在株间通过吐丝垂飘水平扩散；高发年份集中迁移前，叶尖、果穗顶部可见群聚的蜘蛛团（图 3 - 108）。叶螨以卵繁殖，繁殖迅速，在华北和西北 1 年 10～15 代，在长江流域及以南地区 1 年 15～20 代。玉米生长季节暴发危害的时间和危害程度与降雨情况密切相关，气候干旱易暴发危害。河北夏玉米平水年主要有两个时段易出现危害，一是 7 月中上旬、雨季到来之前；二是雨季结束、8 月下旬之后。干旱年份发生早，持续时间长，危害重；喷灌地块灌水不足时，较畦灌地块更容易严重受害。充沛的降雨和适时灌水、提高农田湿度能有效遏制危害。品种间抗虫性有差异（图 3 - 109），PB 群中抗性材料较多，Reid 群中抗性材料占比相对较少，抗性自交系有齐 319、178、P138、黄 C 等，易感自交系有 Mo17、丹 340、冀 53、478 等。

20 世纪 90 年代中期以前，防治叶螨主要用有机磷类农药，现在各种作用机理的高效、低毒杀螨剂已很多，如哒螨灵、乙唑螨腈、嘧螨酯、炔螨特、氟啶胺、噻螨酮、螺螨酯、阿维菌素和联苯肼酯等。发生危害后，可用 1.8％阿维菌素乳油 1 500～2 000 倍液、20％双甲脒乳油 1 000～1 500 倍液、73％炔螨特乳油 2 500 倍液、50％溴螨酯乳油 2 000～3 000 倍液或 5％噻螨酮乳油 2 000 倍液等任选其一，喷雾防治。部分菊酯类杀虫剂如溴氰菊酯、氰戊菊酯、氯氰菊酯、氟氯氰菊酯对叶螨防效一般，甲氰菊酯、氯氟氰菊酯、联苯菊酯除外，有叶螨及鳞翅目害虫共同危害时，可亩用 20％的甲氰菊酯乳油 30～50 毫升、2.5％的氯氟氰菊酯乳油 30～50 毫升或 10％联苯菊酯乳油 25～40 毫升兑水喷雾。

图 3 - 107　叶螨危害症状

图 3-108 蜘蛛团

图 3-109 对叶螨抗性差的品种（右两行）

五、蜗牛

河北危害玉米的主要是灰巴蜗牛（图 3-110），属腹足纲柄眼目巴蜗牛科，是农田常见的有害软体动物之一。蜗牛一年发生一代，以成贝和幼贝在田埂土缝、残株落叶、宅前屋后的物体下越冬；翌年 4 月下旬至 5 月上旬开始活动，11 月越冬；对春、夏玉米可全生长期危害，危害盛期在 8 月中旬至 9 月下旬。蜗牛喜栖息在植株茂密的低洼潮湿处，白天潜伏，傍晚或清晨爬至植株上取食，遇阴雨天多整天栖息在植株上。温暖多

图 3-110 灰巴蜗牛

雨天气及田间潮湿地块受害严重；渠灌区灌水时，常有大量蜗牛随地表水进入田间，故渠灌区农田受害普遍重于井灌农田。遇干燥条件，蜗牛常泌黏液形成干膜，把壳口封住，潜伏在潮湿的土缝中或茎叶下休眠，待条件适宜时，如下雨或灌溉后，于傍晚或早晨外出取食。蜗牛既危害玉米叶片，也危害花丝和灌浆期籽粒。危害叶片时顺叶脉取食；取食叶肉留下一层表皮时，残存表皮成白色纵条；咬穿叶片时可造成孔洞、长条状缺刻或长条状撕裂（图 3-111）。

图 3-111 蜗牛危害症状（吴铭全提供）

药剂防治蜗牛，可亩用 70% 氯硝柳胺可湿性粉剂 29～33 克、50% 杀螺胺乙醇胺盐可湿性粉剂 60～80 克或 8% 四聚乙醛颗粒剂 2～2.5 千克，与 25～30 千克细沙土拌制成毒土，于傍晚撒于植株茎基部；还可用 80% 四聚乙醛可湿性粉剂 30～60 克/亩或 50% 杀螺胺乙醇胺盐可湿性粉剂 60～80 克/亩兑水喷雾。

另外，常见危害农作物的还有无壳的软体动物蛞蝓，防治方法同蜗牛。

第四节　缺素症

玉米属喜水喜肥作物，生长过程中除碳（C）、氢（H）、氧（O）外，氮（N）、磷（P）、钾（K）、钙（Ca）、镁（Mg）、硫（S）等大、中量元素和硼（B）、铁（Fe）、锰（Mn）、锌（Zn）、铜（Cu）、钼（Mo）、氯（Cl）等微量元素基本从土壤摄取。亩产 500 千克以上夏玉米每生产 100 千克籽粒，约吸收 N 1.7～3.0 千克、P_2O_5 0.5～1.2 千克、K_2O 1.1～3.2 千克、Ca 0.52～0.64 千克、Mg 0.38～0.42 千克、S 0.152～0.345 千克、Fe 13.6 克、Zn 3.8～8.4 克、Mn 3.43～4.99 克、Cu 1.31～1.41 克、B 0.8 克、Mo 0.22 克，其大体比例为 2.6∶1∶2.5∶0.66∶0.46∶0.28∶0.015∶0.006 9∶0.004 8∶0.001 5∶0.000 91∶0.000 25。成熟期玉米茎叶含氯约 3.44 克/千克，籽粒含氯约 0.41 克/千克。这些营养元素对玉米生长和新陈代谢均同等重要，相互不可替代。当某种养分供给不足或不足以维系摄取比例时，就会出现某种缺素症状。极端缺素症一般苗期就能显现，但生产上更多的是轻度缺素，往往需要到拔节之后，甚至生育后期才能表现。

一、缺氮

缺氮植株细弱、叶色黄绿。氮在植物体内是可以再转移的，缺氮时，氮会从老叶向幼嫩组织转移，故缺氮症状一般始现于基部老叶，典型特征是下部叶片发黄，发黄先从叶尖开始，沿中脉呈楔形向叶基部及叶缘发展（图 3 - 112），最后整个叶片枯死。土壤中全氮含量≤0.75 克/千克、碱解氮≤40 毫克/千克为不足，玉米花期穗位叶含氮量≤25 克/千克（干重）为低。

二、缺钾

钾对玉米抗旱、抗倒及抗根腐和茎腐病作用显著。在干旱年份，缺钾地块很容易表现出缺钾症状。钾在作物体内转移率较高，因此，缺钾症状先发自下部老叶。缺钾时，下部叶片发黄，发黄先从叶尖开

图 3 - 112　缺氮症状

始，沿叶缘向叶基部及中间发展（图 3 - 113），最后致整个叶片枯萎。土壤中速效钾含量≤50 毫克/千克为不足，花期穗位叶含钾量≤15 克/千克（干重）为低。

图3-113 缺钾症状

玉米缺氮和缺钾都是先下部叶片变黄，直观区分两者的便捷方法就是看下部叶片从何处黄起，如果叶缘先黄则缺钾，若中间先黄则缺氮（图3-114）。当氮钾同缺时，缺氮缺钾症状可出现在同一叶上，即叶缘与中间都变黄，也可出现在不同株、叶上，即有的叶缘黄，有的中间黄（图3-115）。感染根腐病、茎基腐病及根系被麦根蝽、耕葵粉蚧等刺吸危害的植株，也会出现类似缺钾或缺氮症状，注意甄别。

图3-114 缺氮和缺钾特征比较　　　　图3-115 氮钾同缺症状

三、缺磷

玉米缺磷，苗期或中前期就可表现症状。缺磷会使植株色素积累，叶和鞘上出现暗紫红色。轻度缺磷时，展开不久或即将展开叶片的上半部分色变明显；严重缺磷时，整株叶片紫红。土壤全磷含量≤0.4克/千克、有效磷含量≤5毫克/千克为不足，花期穗位叶含磷量≤2克/千克（干重）为低。在河北两熟区，由于麦季持续施磷，且施磷较多，土壤磷素营养状况较全国第二次土壤普查时已大为改观，夏玉米罕见缺磷，只是移栽苗因移栽伤根，出现暂时缺磷症状的概率较高（图3-116）。丘陵坡岗地、盐碱地、熟化程度低的耕地（如窑坑地）易出现缺磷症状。

有多种因素可诱发红苗，而非缺磷。有的品种苗后鞘、叶发红是品种特性；美系品种感根腐、茎基腐病后，幼苗最初也会显不正常红色；除草剂药害、低温冷害、渍害、有害

物质污染农田以及蓟马严重危害，都会导致叶色变红，注意甄别。

图 3-116　移栽苗缺磷症状

四、缺硫

硫为中量元素，夏玉米植株硫含量相当于磷的 1/3 左右。过去土壤缺硫的问题被麦季普施过磷酸钙所掩盖，但从 21 世纪起，我国缺硫土壤逐年增加，主要原因是作物连年高产、很少再施用农家肥和大量施用不含硫的高浓度氮磷钾化肥。在小麦-玉米两熟区，当全年粮食总产 13.5～24 吨/公顷时，籽粒可将 14～43 千克/公顷硫带出田间，降雨充沛地区考虑到硫淋失问题，实际亏缺会更高。在不施硫肥或含硫肥料情况下，土壤补充硫只能通过降雨和灌水，一般只有 1～9 千克/（年·公顷）。想要持续高产稳产，土壤硫周年平衡问题不能忽视。

土壤有效硫含量≤12 毫克/千克为不足。硫在新老组织间分配较均匀，但供氮水平影响缺硫植物中硫的分配，缺硫症状可能发生在新叶（富氮）或者老叶（低氮）。生产中常见的是轻度缺硫引起的叶脉间组织失绿，刚刚展开或即将展开的叶片从基部至叶尖 2/3～4/5 处出现黄绿相间条纹（图 3-117），接近 9～10 展叶期时症状最明显；严重缺硫，苗期就会出现新叶失绿黄化，叶尖干枯，生长受抑，植株矮小。

图 3-117　轻度缺硫症状

五、缺钙

钙为中量元素，玉米花期穗位叶钙含量≤2克/千克（干重）为低，2～10克/千克（干重）为适当。植物只有幼根尖端细胞在细胞壁尚未木栓化时才能吸收钙。钙能延缓玉米叶片衰老，增强细胞壁坚韧性，保护细胞膜完整，对玉米抗旱、抗寒、抗倒及耐盐有益。Ca^{2+}还是联系细胞外信号与细胞内生理生化反应的第二信使，植物通过钙信使系统来调控细胞分裂、光敏素反应、根的向地生长及气孔开闭等。钙也是一个非毒性矿质养分，钙与硅在抑制其他矿质元素毒性，尤其是重金属元素高浓度时毒性有较好作用。玉米对重金属元素富集系数大小顺序为镍＞铅＞锌＞铬＞铜，尽管锌、锰、铝、镍、铬、硒、铌、铅、汞、氟等微量或痕量元素对作物生长发育可能是有益或必需的，但这些元素过量往往产生较大的毒性，在乡镇企业发达地区的工矿周围和用污水灌溉农田中受这些元素污染的机会相当高。

钙在土壤中一般占阳离子代换量的80%。石灰性土壤富钙，南方酸性土壤则多需施用石灰来补钙并中和酸性。钙随蒸腾水在作物体内运输，因此，蒸腾作用弱的生长点和最幼嫩叶片易先表现缺素症状。玉米缺钙时，幼叶常因柔软而变形，向下弯曲并展开不畅（似蓟马危害症状）；叶尖及叶片前端叶缘焦枯，出现不规则缺刻（似细菌性顶腐病症状）。

六、缺镁

镁为中量元素，一般沙土含镁量为0.05%，黏土为0.5%。土壤中代换性镁约占镁总量的5%，占阳离子代换量的4%～20%，高于钾（约占4%）。植物组织中镁含量一般占干物质的0.5%，农作物每季对镁的吸收量平均在10～25千克/公顷，生产100千克玉米约吸收镁0.4千克。当土壤代换性镁＜25毫克/千克时，所有作物均需施镁，＜50毫克/千克时敏感作物需施镁肥，高于此水平时仅在钾含量高、植物可能出现缺镁症状或种植温室植物和水果作物时才需施镁。

镁容易从土壤中淋失，其数量可达2～30千克/（年·公顷）。缺镁容易出现在高度淋溶的腐殖酸土或大量施用石灰的沙土上，有时也出现在含钾量高的土壤上。Mg^{2+}在韧皮部是活动的，能够从老叶转移到嫩叶或顶部，因此，缺镁总是开始于老叶，随后转移到嫩叶。玉米轻度缺镁，老叶基部因叶绿素积累而出现暗绿色斑点，其余部分呈淡黄色，严重时叶片褪绿而有条纹，叶尖及尖端叶缘坏死；叶片上半部分和中脉两侧组织的中间部位条纹更突显。

七、缺锌

玉米对缺锌敏感，用二乙基三胺五乙酸提取测定（DTPA法），土壤含锌≤0.5毫克/千克为不足，玉米每千克干叶含锌低于15～20毫克为缺锌。高pH特别是高碳酸钙含量的石灰性土壤，锌的活动性低，有效性差；涝灾、渍害田也易出现缺锌。锌在植物体内向较幼嫩组织转移率极低，缺锌直观症状就是新叶失绿，多见叶片中脉两侧出现基本对称的失绿带或条纹，叶片垂肩处以下的部位症状明显。苗期土壤含水量长时间饱和时，叶片会出现褐色斑点状或斑状褪绿，此症状更多源于还原态铁、锰的积累和毒害，施锌可缓解症

状；严重缺锌时可导致幼苗黄化或白化。

锌是一种重金属，作物叶片锌中毒的临界浓度是400～500毫克/千克（干重），高锌会降低磷、铁吸收，锌毒害会影响根系生长和叶的扩展，并也导致失绿。灌溉水锌的安全浓度是≤1毫克/升。锌与氮钾元素吸收为协同作用，与磷吸收为拮抗作用，施锌对缓解涝灾、渍害作用显著。

田间常可看到叶片仅一侧（对生叶片中脉的同侧）出现失绿条带的植株，诊断为缺锌是错误的。这种单侧失绿带的形成与病虫害有关，线虫矮化病、顶腐病、玉米旋心虫、黑麦秆蝇、玉米螟和二点委夜蛾等危害均可造成。在夏播区，二点委夜蛾危害茎基部，破坏组织较轻时，伤口以上叶片对应部位就会失绿；害虫危害心叶内部，也会致叶片伤口以上部位出现失绿带（图3-118）。

图3-118 虫害致植株一侧现失绿条带

八、缺硼

土壤中可溶性硼主要由H_3BO_3组成，并以此形态被作物吸收。在高pH的石灰性土壤及干旱条件下，硼的有效性降低；有机质少的沙性土壤易缺硼。苗期缺硼，生长点生长不正常或停止，最幼嫩的叶子畸形、起皱、变厚并呈暗蓝绿色，叶脉间出现白色条纹；严重时，由于细胞分裂素的合成受抑制，生长素和酚在缺硼组织中积聚，导致生长点坏死而出现分蘖。缺硼还导致抽雄困难，雄花退化变小，影响花粉形成和花粉活力，花粉管萌发，特别是花粉管伸长受到干扰，授粉结实不良，果穗出现严重秃尖和部分行缺粒。硼调节根尖细胞伸长，缺硼时侧根发生加强而根伸长减弱；根粗而稀少，根尖坏死。土壤硼含量≤0.5毫克/千克为不足，花期穗位叶含硼≤3毫克/千克（干重）为低。

灌溉水中硼浓度超过2毫克/升时，对大多数作物都有害。玉米叶片硼中毒的临界水平是100毫克/千克（干重）。硼中毒的典型症状是较老的叶片边缘或叶尖失绿坏死。试验表明，硼与氮磷钾吸收均为协同作用，在石家庄石灰性洪冲积淋溶褐土上，施硼增产效果大于施锌。

九、缺铁

土壤中绝大部分铁存在于矿物晶格中，Fe^{3+}（偶然也有Fe^{2+}）的螯合物，是土壤和营养液中可溶性铁的主要形式。在降雨充沛的南方，缺乏碱金属和碱土金属的酸性红壤富含铁。可溶性铁浓度在pH为6.5～8.0时达到最低值，在此pH范围内的通气系统中，离子态Fe^{3+}或Fe^{2+}的浓度非常低。无机铁的溶解度与土壤pH极为密切，酸性土可溶性无机铁浓度比石灰性土高，石灰性土壤中可溶性铁浓度极低，是其上生长作物缺铁的原因。Fe^{2+}是植物吸收的主要形态，大多数作物每年只摄取铁1～2千克/公顷。土壤含铁≤4.5毫克/千克（DTPA法测定）为不足，玉米花期穗位叶含铁≤10毫克/千克（干重）为低。

图3-119 小麦缺铁与恢复供铁后表现

缺铁使叶绿素形成受到抑制，在新生叶片的叶脉间最先出现症状。沿着叶子的长度，深绿色叶脉与浅绿色或黄的叶肉相间排列成条纹状；严重时，最幼嫩的叶子可完全呈白色，无叶绿素。在小麦水培试验中发现，缺铁时长出的叶片在恢复供铁后，缺素症不消失，但再出生的叶片可转为正常（图3-119），可见作物吸收铁后，主要向新生组织转运。

十、解决对策

（一）平衡施肥

要选养分尽可能全面的复混肥作基肥，平衡施肥。常用的氮、磷、钾、锌、硼、硫等肥料中除普通氮肥需部分追施外，均可采用种肥同播方式播种时一次基施，氮肥制成控释肥后也可一次基施。因此，平衡施肥技术的应用主要体现在基肥施用上。要避免盲目、持续大量施用单一养分肥料，尤其是氮肥，过量施氮会导致养分供给失衡，加大重发茎腐病及倒伏风险。当出现缺素症时，要及时对症追施或叶面喷施相应元素肥料。

（二）重视有机物料投入

单施化肥、不施有机物料（有机肥与秸秆还田），造成土壤缺素及土壤理化性质恶化在所难免。作为养分全面的"全价肥料"，有机物料在提高土壤物理肥力、化学肥力和生物肥力，协调三者关系，以及实现作物持续高产稳产等方面有不可替代的作用，多数高产典型出自养殖户承包田或刻意培肥的试验地证明了这点。许多矿质营养主要以有机态存在于土壤中，如耕层有机态氮占总氮量的90％以上，河北土壤中81.6％的硫以有机形态存

在；土壤有效磷、速效钾、有效硼含量均与土壤有机质含量呈极显著正相关。另外，施用有机物质还有降低石灰性土壤 pH，增强铁锰等养分离子还原，络合某些营养元素，形成稳定的、能对抗沉淀的复合物的作用等。有机质在土壤富集无疑对矿质养分有效性和持效性有作用。

（三）增施中微量养分肥料

缺硫地块，要有意识施用硫基复混肥，或将氯化钾改为硫酸钾，将尿素改为硫包膜尿素或硫酸铵，将磷酸二铵改为过磷酸钙。用 H_2SO_4 处理磷矿粉得到的过磷酸钙 [$Ca（H_2PO_4）_2 \cdot H_2O + CaSO_4 \cdot 2H_2O$] 含硫 12％左右，在麦季基施过磷酸钙 50 千克/亩，折合施硫 6 千克/亩。另外，硫黄、天然石膏等也均可用作硫肥；硫黄粉直接亩施 3～5 千克即可。当前，市场还有专门的中量元素肥料销售，如以色列化工集团的 SuperPoly 和 MegaPoly（盖聚美），含钙、镁、硫三种中量元素，施之增产抗逆效果明显。

试验表明，基肥中加施 ZnO 4.2 千克/公顷，比单施氮磷钾肥增产 7.62％；加施 H_3BO_3 3.3 千克/公顷，比单施氮磷钾肥增产 8.44％；加施 H_2MoO_4 0.33 千克/公顷，比单施氮磷钾肥增产 4.35％；加施 MgO 66.7 千克/公顷，比单施氮磷钾肥增产 6.19％。

科学施肥的关键是对土壤养分状况、作物需肥规律以及施肥对群体质量调控作用有充分的了解。不仅做到养分供给与土壤亏缺相匹配、供应量与作物吸收量相一致、供应时间与吸收规律相吻合，更要做到施肥与群体质量调控目的相结合，将水肥运筹与群体质量调控有机结合才是水肥管理技术的最高境界。

第五节　叶片僵直、褶皱与叶枯

一、叶片僵直

（一）原因与现象

喇叭口期，玉米叶片宽度窄于正常株，脆而僵硬，直立无自然下披（图 3 - 120），看上去似由干旱造成，但无干旱引起的萎蔫症状，也无心叶卷曲现象，株高基本正常。异常地块除重感耕葵粉蚧和初生根根腐病外，与正常田块相比无其他异样，只是污灌地块发生普遍，井灌地块零星分布。在种子包衣技术尚未普及的年代，仅黄改系列品种郑单 958 等出现过此症状，市售种子强制要求包衣后，未再见类似情况。可见，叶片僵直与耕葵粉蚧和根腐病复合危害有关。

图 3-120　叶片僵直

喷施有激素作用的苗后除草剂，也可导致叶片窄而直立，但常伴随着心叶展开不畅和根系生长异常；线虫矮化病、丝黑穗病、粗缩病、鼠耳病也可引起叶片僵直，但同时会使植株矮化；疯顶病引起的叶片僵直，会伴有叶片簇生，注意甄别。

（二）对策

有耕葵粉蚧地块，播前用吡虫啉或噻虫嗪对种子进行二次包衣。确认种子未经杀菌剂包衣的还可再用戊唑醇、烯唑醇、苯醚甲环唑、咯菌腈或硅噻菌胺等对种子进行杀菌剂处理，以防根腐。播种时还可亩用10%毒死蜱颗粒剂1.5～2千克或5%丁硫克百威颗粒剂3～4千克与基肥掺混，肥药同播。生长期间出现异常症状时，可结合浇水全田灌药，亩施40%辛硫磷乳油1～2千克。

二、叶片褶皱

（一）原因与现象

玉米拔节后，常可看到长出的叶片不舒展，叶面出现褶皱。遗传因素、药害、病虫害等均可引起。

1. 品种原因 某些自交系因不明原因，拔节后生出的叶片几乎全带皱褶（图3-121）。大部分黄改系材料和部分Reid材料易出现叶片褶皱，用这些材料组配的杂交种，叶片出现褶皱属正常现象，如郑单958。

2. 病虫害 感疯顶病植株拔节后常表现叶面褶皱（图3-122），且褶皱集中在失绿条纹上，叶背面明显。丝轴黑粉菌侵染引起的丝黑穗病、轮枝镰孢菌亚黏团变种侵染引起的顶腐病，均可致拔节后叶片生长不舒展。感染粗缩病及叶面重感瘤黑粉病，也导致叶面褶皱。细菌性顶腐病致心叶腐烂，新生叶展开不畅，新生叶展开后也会有褶皱。

图3-121 叶片褶皱的自交系

蓟马、黑麦秆蝇等危害心叶，致叶片展开不畅，后生出的叶也会出现褶皱。

图3-122 疯顶病致叶片褶皱

3. 药害 凡可致着药叶片枯死与心叶展开不畅的杀虫剂、除草剂药害，都会使用药后生出的部分叶片出现褶皱。如烟嘧磺隆、砜嘧磺隆、噻吩磺隆（图3-123）和苯磺隆等。

（二）叶片褶皱的预防

叶片非正常褶皱，都与病虫害、药害有关。预防叶片出现非正常褶皱，关键是做好病虫害预防和科学用药。预防系统侵染性病害，如疯顶病、丝黑穗病和顶腐病，必须用杀菌剂进行种子处理；预防蓟马、黑麦秆蝇危害，最好用内吸性杀虫剂如噻虫嗪种子包衣，等幼苗显现出病虫害症状后，往往错过了最佳防治时期。细菌性顶腐病是黄淮海中南部地区种植具昌7-2血缘品种时易发生的病害，易发地区种植易发品种，要做好7月中旬之前田间虫害防治。多数除草剂有效

图3-123　噻吩磺隆药害

用量与致害量差异不大，施药时切不可盲目增加药量或重喷，且要足量兑水，适时用药。

三、叶枯

（一）原因与现象

穗期叶片非正常枯萎多由干旱、撒肥不当、劣质肥害、药害以及病虫害引起，既有局部叶枯，亦可整株枯死。环境污染，叶螨重发，严重的根腐病、褐斑病、弯孢叶斑病、小斑病、鞘腐病及细菌性病害等也引起穗期叶枯。

1. 干旱　因穗期生长点及幼叶包裹在叶片内，一般旱灾年份，多不会出现整株枯死，只是偏下部位部分或大部分叶片干枯，并严重影响生育进程及抽穗、结实。但特别干旱年份，土壤墒情不足以维持玉米生命时，也会导致整株枯死（图3-124）。

图3-124　旱灾导致叶枯（引自国家玉米产业技术体系工作简报）

2. "肥烧叶"　叶面喷施高浓度硫酸锌、液体尿素会导致叶枯。雨前追肥、撒施尿素，若尿素撒至心叶中却并未降雨，尿素会"烧叶"，导致新生叶局部干枯（图3-125）。高塔熔融造粒的追施用肥，如果其氮素营养来自尿素，很可能含较高的缩二脲，施至心叶更易造成危害。2010年，山东某企业生产的追施用"玉米锌动力"复合肥就曾在河北柏乡

等地发生过事故。采用水肥一体化技术，用喷灌水冲施肥（图 3 - 126），如果肥料施完后不继续喷 1～2 小时清水，马上关闭水泵，高浓度肥料会附着在叶片上"烧叶"，引起叶枯。

图 3 - 125　尿素施于心叶造成危害

图 3 - 126　水冲施肥

3. 有害物质毒害　追施含有害物质的劣质化肥或有毒污染物进入农田，都会导致叶枯。劣质化肥、液体污染物造成的，有的心叶干枯，有的整株死亡；气体污染物造成的，多叶尖、叶缘干枯，严重的全株叶片干枯。

4. 药害　喷施氯氰菊酯、敌敌畏等杀虫剂，如果施药浓度高、用药量大，起初叶片呈水浸状（图 3 - 127）。进一步发展则叶枯乃至整株死亡。

药害导致叶枯，更多的是除草剂使用问题。以前拔节后行间喷施百草枯二次除草，药液误喷或风吹至玉米上，会造成着药部位绿色组织干枯（图 3 - 128）；草铵膦喷至叶片上，可造成叶尖、叶缘乃至整个叶片干枯

图 3 - 127　敌敌畏药害

（图3-129）。若全田误喷了草铵膦、百草枯，玉米虽然叶枯严重，但多可返绿，整株死亡较少。若误喷了具内吸传导性的草甘膦，多数植株会先表现青枯再转黄枯，死亡株根系、茎基部软腐；着药少的未死株，生长会严重受抑，不能抽穗结实。用草甘膦苗后化除水沟上大草，致水沟两边各有一行玉米枯死或不结实是在所难免的，全田误喷草甘膦则造成绝收（图3-130）。甲草胺、异丙甲草胺（图3-131）和莠去津等有触杀作用的除草剂，苗后喷施到叶片上，都可引起叶枯。

图3-128　百草枯药害

图3-129　草铵膦导致叶枯

图3-130　草甘膦药害

图3-131 含异丙甲草胺苗后除草剂药害

5. 病害 穗期重感根腐病、褐斑病、小斑病、弯孢叶斑病、鞘腐病等病害，均可使叶片早枯（图3-132），不仅影响产量，也可使植株早亡（图3-133）。疯顶病病株的叶化雄穗、不能抽雄株的顶部叶片都可出现早枯。

图3-132 病害导致叶枯

图3-133 根腐枯死株根系

（二）叶枯的预防

雨养农区应选种抗旱节水品种，推广地膜覆盖保护地栽培、以肥代水技术，基肥中加施黄腐酸、交联聚丙烯酰胺等抗旱、保水剂。光温充足的一年一熟区适当推迟播期，规避常发的、从播种至7月中旬前的持续干旱危害。

拔节后，喷施烯唑醇、戊唑醇等杀菌剂，防控穗期各种叶斑病。

玉米中后期严禁用具内吸灭生性的除草剂行间二次除草。选用触杀型或苗后专用除草剂行间除草，要定向喷雾，风速＞3米/秒时勿施药。

追肥时勿将肥料撒入心叶。喷施杀虫剂时要足量兑水，切勿盲目增加药量。出现严重叶枯而植株并未死亡时，应加强水肥与植保管理。

第四章 玉米生育后期生长异常

虽然在生育后期，玉米由营养与生殖生长并进转向生殖生长，但在病虫害、不良气候和土壤缺素等逆境影响下，地上部营养体仍会出现各种生长异常，新生的雌雄穗异常状况更是多样。近年来，这个阶段由多种致病菌引发的玉米茎腐病和穗腐病，以及高温年份因种植不耐高温品种而导致的雄花和花粉败育、多穗、雌穗畸形及授粉结实不良等得到了人们的普遍关注，区域偶然暴发的黏虫与蝗灾也多发生在这一时期。

第一节 雄穗生长异常

一、雄穗生长异常的原因与现象

（一）病害致生长异常

1. 雄穗叶化 雄穗叶化是玉米感染疯顶病的典型症状之一。玉米抽雄后，雄穗基本无花药、花粉，而是长叶，簇生叶片使雄穗看上去似绣球或刺猬头状（图 4-1）；有的感病株上部叶片扭曲、团缩，不能抽雄。

图 4-1 雄穗叶化

2. 雄穗呈黑粉包或"刺猬头"状 抽雄后雄穗或呈黑粉包，黑粉包内具丝状维管束组织，或丛生长角状畸形叶，使雄穗似"刺猬头"；少花药、花粉（图 4-2），是感染丝黑穗病的症状。丝黑穗病还可使整个雄穗败育。

3. 雄穗生菌瘤 雄穗及穗茎上生出菌瘤，有的为长囊状、角状，表面灰白、浅绿或紫红色，为瘤黑粉菌侵染所造成（图 4-3）。

图 4-2 丝黑穗病雄穗症状

图 4-3 雄穗及穗茎感染瘤黑粉病

（二）雄穗结实

1. 返祖现象 普通品种雄穗结实为返祖现象。结实一般为分蘖（图 4-4），多见于种植易分蘖品种的田边地头、缺苗断垄处或稀植时。美系品种多易分蘖，种植地块易现雄穗结实。

图 4-4 雄穗结实

2. 有稃玉米　有稃玉米是原始的玉米类型，每个籽粒由长大的稃壳包裹，雄花序发达，常见吐丝结实（图4-5），无栽培价值。

（三）雄性不育

雄性不育植株雄穗少花药花粉，花粉败育，甚至小花败育（图4-6），可由遗传原因、高温干旱、粗缩病、矮花叶病、丝黑穗病、瘤黑粉病以及蚜虫危害等引起。

图4-5　有稃玉米雄穗　　　　　　　　图4-6　败育雄穗

1. 不育系　已发现玉米有 T、C、S、Y_{II-1}、E_p 等多种胞质不育类型以及核不育和生态核不育类型（光敏、温敏型及化学药剂敏感型）。高纯度的核不育群体不易培育和保持，利用难度大；生态型核不育稳定性较差，易受环境影响；胞质不育为母性遗传，不育性的保持也相对容易，自 Rhoades 1930 年首次发现后，人们就开始研究并利用它来省去制种去雄环节。

雄性不育系制种有二系法和三系法，主要是三系法（不育系用作母本；恢复系用作父本，并恢复杂交种育性；保持系用于母本不育系繁殖）。1950年，第一个雄性不育杂交种在美国问世，1970年美国雄性不育制种量曾超2/3。20世纪80年代后，国内在部分品种上也不同程度地利用了雄性不育系，但受材料抗病性、不育性的稳定性和育性恢复不理想等的影响，不育系在制种上的应用始终有一定局限。若种子由三系法制成，不排除因育性恢复不好，田间出现雄性不育株，如果育性因某种原因恢复很差，还会造成生产事故。当缺乏合适的恢复系时，直接用胞质不育系作母本，用普通自交系（非恢复系）作父本，二系法制种，理论上讲，所制杂交种都是不育的，这种种子必须与常规去雄法制成的同型胞质可育种子掺混方可使用。市售种子中掺有二系法制成的种子，田间会有相当比例的雄性不育株。

2. 病虫害引发雄性不育　感染粗缩病的植株抽雄后，雄穗常只有主穗轴和比正常植株稀疏而短的分枝，小花少，花粉量小或无花粉。瘤黑粉菌侵染雄穗，也可造成无小花和花粉（图4-7）。抽雄前喇叭口内重感蚜虫，蚜虫直接危害或传播病毒病，都可使雄穗彻底败育（图4-8）。

3. 高温危害　在黄淮海夏播区，种植不耐高温品种在高温年份会出现雄花败育、花粉粒失活。以先玉335为代表的诸多美系品种，雄穗分枝少且对高温敏感，在高温作用下，常雄穗变小，分枝及小花数目减少，花药败育、花粉失活。相比之下，传统的黄改系品种，耐高温能力较强。用三系法制成的杂交种，如果恢复系稳定性一般，也容易受高温影响，致雄穗败育。干旱与高温的危害是协同作用；若温度高于 35 ℃、大气相对湿度低于 30%，花粉粒会很快失去活力，花丝枯萎，难于授粉、受精，导致结实不良。

图 4 - 7　瘤黑粉病致雄穗败育　　　图 4 - 8　蚜虫致雄穗败育

（四）不抽雄

1. "卡脖旱"　最常见的抽雄困难缘于干旱，也就是俗称的"卡脖旱"（图 4 - 9）。玉米拔节后逐渐进入吸水吸肥盛期，大喇叭口至抽雄期是玉米需水需肥高峰期，此期干旱，会使雄穗发育不良、小花败育，花粉量减少，严重的雄穗不能从心叶抽出，形成"卡脖旱"。在河北，等雨播种的春玉米、晚春播玉米，易受"卡脖旱"危害。2015 年 5 月中旬至 7 月 18 日，河北不少地方近 70 天无雨，一些在 5 月上旬随降雨播种的玉米严重受灾。

图 4 - 9　"卡脖旱"

2. 病虫害　玉米感染粗缩病、矮花叶病等病毒病以及顶腐病、细菌性顶腐病和疯顶病等，也可导致不能抽雄或抽雄困难。感疯顶病不能抽雄的植株顶部叶片还易早枯（图 4 - 10）。

图 4 - 10　疯顶病导致不抽雄

二、解决对策

药剂防治疯顶病、丝黑穗病引起的雄穗生长异常，关键是用杀菌剂进行种子处理。预防瘤黑粉病侵染雄穗，除了选抗病品种外，抽穗前或降雨后要及时喷施杀菌剂；用遥控旋翼飞机施药时，一定要选下压风力大的机型，以使药液能喷至冠层中部，防止雌穗感病。

预防高温引发的雄穗败育，关键是选种耐高温品种。旱作农区防止"卡脖旱"，除了要选种抗旱品种、落实农艺节水措施外，还需把握好播种时机，不过早播种。理论上讲，在两熟区，春播、晚春播玉米生长期长，较夏播高产，但事实并非如此，原因主要是7月中旬之前易遇旱灾并易感病毒病。河北各地7月中旬出现有效降雨的概率接近100%，但在此之前干旱概率相当高。旱作农田若播期较早，7月中旬之前又长时间无雨，玉米生长及产量必受影响。实践表明，旱作农田6月上旬早夏播，玉米受旱灾、粗缩病严重危害的概率会显著降低。

一直以来，三系法制种因杂交种育性恢复易受年度间、地域间生态因素影响，表现差或不稳，使得国内出现过不少失败案例。从安全角度出发，三系法制成的种子也以与常规去雄法制成的种子掺混销售为宜。选育恢复性强、配合力高、综合农艺性状优良的恢复系，是利用雄性不育、三系配套制种的关键。选育理想的恢复系难度很大，加上不同胞质不育型需有不同的恢复系，可利用材料就更少。回交转育是选育恢复系的惯用方法，但耗时较长。国内从事育种者众多，品种更新快，也许针对某一组合选育恢复系，等结果出来后，这一组合已淘汰，这也是三系法制种不能普及的一个原因。一个组合是否值得进一步研发三系制种，需看它的市场生命力。

第二节 雌穗生长异常

一、雌穗生长异常的现象与原因

（一）多穗

一株多穗主要有五种现象，一是茎秆中上部3个或3个以上叶腋处长出雌穗（图4-11）或雄穗，形成穗分枝。二是主雌穗基部侧生出小雌穗（图4-12），一至多个小雌穗与主雌穗一起排列，形似香蕉；原始有种分枝玉米，雌穗再分枝（图4-13），"香蕉穗"属此类，只是次生小穗穗柄较短；有的内果穗亦有分枝（"熊掌穗"属此类）。三是分枝多穗与"香蕉穗"共生（图4-14），多见于对高温极度敏感的品种或自交系。四是植株中部与上部均生雌穗（图4-15），田间偶见。另外，还有一类多分蘖现象，分蘖长势与主茎基本相当，分蘖也生雌穗。

图4-11 穗分枝

20世纪90年代前，国内不少双穗型品种用于生产，如白粒玉米矮单88（冀单20）。普通品种多蘖多穗是"返祖现象"，系外因诱导使固有基因得以表达的结果。一些品种在水肥充足、稀植通风、光照良好的情况下出现双穗和多穗株，是个体发育充分的表现；反之，土壤干旱、地力瘠薄、密植和寡照等不利于形成多穗。在穗期，长时间高温、晴好天气利于光合产物形成，但强烈的光照和高温也会抑制顶端生长优势及主雌穗发育，刺激部分叶腋芽或苞叶腋芽萌动，出现穗分枝或"香蕉穗"。一些品种含野生血缘较多，本身易生分蘖或穗分枝，穗分化时遇长时间高温、晴好天气，出现较多的穗分枝或"香蕉穗"很正常，是品种不耐高温及强光的一种表现，属品种缺陷。笋玉米为提高产量，一般都选育成多穗分枝类型；糯玉米紫香糯1号也是多穗分枝品种。多穗分枝情况下，通常只有最上部1~2个雌穗能结实，越往下的发育越小、越迟缓；最上部果穗因故未结实时，一般第二穗结实。"香蕉穗"情况下，多只主果穗结实，偶见两个大小相仿的共同结实，但单株籽粒产量不及单穗结实；干扰主果穗授粉结实可刺激次生小穗发育。

图4-12 "香蕉穗"

图4-13 雌穗再分枝

图4-14 穗分枝与"香蕉穗"共生

图4-15 1株3穗

　　粗缩病、疯顶病也可引起穗分枝，但疯顶病株雌穗的穗柄、苞叶和苞叶顶端小叶多有异常伸长现象；丝黑穗病也引发多穗，单个雌穗顶部簇生多个仅由苞叶构成的小雌穗。

（二）苞叶短小

　　雌穗苞叶短小（图4-16），不能将果穗完全包裹，甚至无苞叶，戏称"超短裙"；裸露的籽粒灌浆期间极易受病虫危害（图 4 - 17）。如小青花金龟、白星花金龟、中华弧丽金龟、双斑萤叶甲，一些半翅目害虫、直翅目害虫及蜗牛等都喜危害裸露籽粒（图 4 - 18）。这种雌穗还易被螟虫钻蛀，或感染瘤黑粉病以及各种穗粒腐病。

苞叶短小的原因有两种。一是缘于品种不耐高温和耐密性差。当高温出现时段较早、影响到穗分化时，常出现此现象，密植条件下会加重症状。因高温、密植导致苞叶短小的畸形穗，穗小于正常穗。2017 年 7 月 10 日前后，黄淮海夏播区多地出现 1 周左右、日最高气温超 37 ℃、局地连续 3 日超 40 ℃的高温天气，众多不耐高温品种出现了苞叶发育不良、"超短裙"现象，当年山东受灾最重。二是有的品种本身苞叶就短，不能将果穗完全包裹，考虑到病虫危害，这类品种少种为宜。20 世纪 90 年代，山东培育的品种掖单 19 不仅苞叶较短，还高感瘤黑粉病，瘤黑粉病穗率可达 15％以上，不仅影响产量，而且籽粒品相也极差。

图 4 - 16　苞叶短小　　　　　　　图 4 - 17　苞叶短小果穗被虫危害

图 4 - 18　喜食裸露籽粒的害虫

a. 小青花金龟　b. 白星花金龟　c. 双斑萤叶甲　d. 蜗牛

（三）吐丝晚

花丝寿命长于花粉，可达 1 周以上。花粉粒寿命较短，在 30 ℃以下失活大多只需 5～6 小时，24 小时后完全丧失活力；在午间 38 ℃以上暴晒 2 小时就全部失活。理想品种的吐丝期应与散粉期同步，甚至略早于散粉期 1～2 天，如此才能保证花丝充分受粉结实，但有的品种存在散粉期与吐丝期不同步现象（雌雄花期不遇），吐丝期迟于散粉期 3～4

天，甚至更长时间，此类品种容易受粉不良。在田间，除长势差的自交苗、感病虫株多穗小、吐丝晚外，正常植株出现此情况则与品种特性、高温、干旱和密植有关。

1. 种植密度与吐丝　密植加剧群体内个体竞争，使个体发育不良，表现在生育进程上，就是抽雄、吐丝期略晚于稀植群体，尤其是吐丝期。密植还扩大群体内个体间长势的微小差异，加大个体间吐丝期间隔，使吐丝不整齐，长势弱的植株吐丝期滞后，甚至不吐丝或无雌穗，使得空株与小穗率提高。不耐高温品种在高温年份晚播、密植情况下花期不遇加重，雌雄花期间隔可达 6 天以上。曾见一密植 2.3 万株/亩的试验田，多数植株抽雄、吐丝显著晚于正常密度地块，每行玉米看上去像堵墙（图 4 - 19），行外层植株可结实，行内层基本为雌穗不能适期吐丝、受粉或无雌穗的空株。

图 4 - 19　密植 2.3 万株/亩的玉米

2. 干旱与吐丝　穗期干旱对雌穗发育的抑制作用大于雄穗。一定程度的干旱，会导致玉米虽有雄穗及花粉，但雌穗发育迟缓，穗小且吐丝晚，甚至绝大部分植株无雌穗。2014 年和 2015 年河北连续两年伏旱，不少旱地玉米出现了此情况（图 4 - 20）。

3. 高温与吐丝　高温也使雌穗吐丝迟滞，不耐高温品种表现明显，在晚播、密植情况下尤甚。高温抑制不耐高温品种雌穗发育的作用会造成各种畸形穗，甚至无雌穗，雌穗吐丝迟滞只是症状之一。也就是说，有

图 4 - 20　干旱导致多数植株无雌穗

不耐高温缺陷的品种，因高温受灾，不仅限于花粉失活或花粉量小而导致的授粉不良，其雌穗发育对高温也是敏感的。在一年一熟与两熟混作区（冀东平原、京津两地），夏玉米播期常迟于 6 月 20 日，不耐高温品种密植（如用作青贮玉米而加密种植）是危险的。其他地方夏播密植不耐高温品种，因经营规模大或水电等原因，播期没有保证的，也可能因此受灾。

高温抑制雌穗发育的主要表现有：部分植株无雌穗；有的虽有雌穗，却不吐丝（图

4-21）；有的虽能吐丝，但吐丝期比散粉期落后6天以上，届时雄穗已基本无粉可授。雌穗看上去有的苞叶短小；有的苞叶向内凹陷（内果穗发育差）；花丝因未受粉，长而久鲜（图4-22）；有的雌穗很小，缩于叶鞘内，仅有部分花丝露出（图4-23）；苞叶内果穗发育严重不良，不结实或结实很少（图4-24）。严重受灾地块，上述类型株充斥全田，正常株罕见，籽粒基本绝收；相对稀植群体受高温危害较轻，但果穗也会明显变小。近年来，冀东平原一些夏播不耐高温品种的地块常因此受灾，郑单958等黄改系品种未见受灾地块。

图4-21　不吐丝雌穗

图4-22　未受粉雌穗　　　　　　图4-23　雌穗缩于叶鞘内

图4-24　苞叶内发育及受粉不良的果穗

另外，收获的玉米果穗，若下部穗粗正常，但中上部穗行数突然减少、穗粗变小，形似"木柄手榴弹"（图4-25），这也是品种穗分化时不耐高温的一种表现。曾见一春播品种（科试737）跨区夏播发生此现象，全田畸形穗约占30%。

图4-25　"手榴弹"穗

（四）病害致雌穗生长异常

可侵染雌穗的病害部分也可致雌穗生长异常，常见的是瘤黑粉病、丝黑穗病及疯顶病。瘤黑粉与丝黑穗病均可致雌穗黑苞状，前者各产区均可发生，丝黑穗病主要发生在春播区，夏播区见到的雌穗黑苞状，一般由瘤黑粉病侵染引起。

1. 瘤黑粉病　瘤黑粉病可侵染雌穗各个部位，包括苞叶、雌穗基部（苞叶腋芽或次生小穗，图4-26）、内果穗（全穗、前半部分或后半部分，图4-27）及籽粒。病瘤表膜未破时多为灰白色，也有紫红、浅绿、亮蓝等。苞叶感病可致雌穗畸形；穗柄处感病，雌穗较早下垂；苞叶内果穗感病，病瘿膨大后，会使雌穗变粗、苞叶蓬松（图4-28）。品种抗病性差、苞叶包裹不严、前期干旱、虫害较重，后期多雨，是雌穗重发瘤黑粉病的主要原因。自交系H21、8902等高感瘤黑粉病。

图4-26　苞叶与雌穗基部感染瘤黑粉病

图4-27　瘤黑粉病侵染内部果穗

图4-28　瘤黑粉病致苞叶蓬松

2. 丝黑穗病 感染丝黑穗病的植株雌穗表现的典型症状是：①外形近球形，无花丝，内部充满黑粉（图4-29），黑粉散去后可见丝状维管束组织；②雌穗顶部簇生多个畸形小雌穗或细长角状畸形组织，形似刺猬头；③雌穗变细长，苞叶顶端小叶增大，不能吐丝结实。

图4-29 丝黑穗病病株雌穗

3. 疯顶病 被疯顶病侵染的植株抽穗后雌穗表现的症状有：多穗分枝；雌穗穗柄、穗体、苞叶及顶端小叶异常生长，使雌穗细长；雌穗顶端簇生小穗（此点与丝黑穗病相近），小穗内全为苞叶，无内果穗及花丝（图4-30）。疯顶病发病严重地块，后期症状多样，全田看上去秆、穗无向生长，叶拧曲，十分杂乱（图4-31）。

图4-30 疯顶病致雌穗生长异常　　　　图4-31 疯顶病重发田

二、解决对策

药剂防治丝黑穗病、疯顶病，关键是用广谱性杀菌剂进行种子处理；若种植苞叶较短且易感瘤黑粉病的品种，多雨年份应在抽穗前全田喷施杀菌剂，防止瘤黑粉病侵染雌穗。瘤黑粉病尚不是普通品种审定时高感一票否决病害，购种时留意审定公告上有关抗性的描述，避免种植高感病品种。

要尽量选种耐密、耐高温品种，且合理密植。有关播期与密度的关系，通常认为，春播玉米生长期长，植株高大，应稀植；夏播玉米生长期短，需增加种植密度。在这一观点支配下，不少人有着"早播宜稀、晚播宜密"的惯性思维。如果只是春、夏播比较，这种理念无问题，但单就夏播而言，则不妥。在河北，6 月 20 日之后播种的，恰恰应降低种植密度，原因有二：一是晚播农时有限，会灌浆不充分，若密植，籽粒饱满度更差；二是遇高温年份，晚播、密植会加重玉米对高温的不良反应，甚至严重影响雌穗发育，造成绝收。青贮玉米晚播情况下，要避免用不耐高温品种。

第三节　结实不良

玉米结实不良是指雌穗外观发育及吐丝基本正常，但内果穗有秃尖、秃底、中间缺粒（"哑铃穗"）、"满天星"状（零星籽粒分散分布于穗轴上）、缺行（果穗一侧 2 行以上的行粒数明显偏少、整行无粒或籽粒败育）以及胚乳不发育（"泡泡粒"）等多种现象，结实少。从生理上讲，结实不良主要由受粉不良和籽粒败育引起；从栽培上讲，品种结实性差，干旱、阴雨寡照、土壤肥力不足、种植密度过高、高温、风灾致高位茎折、药害、病虫害及早衰等众多逆境，均可引发结实不良。

一、结实不良的原因与现象

（一）品种结实性差异

果穗是否易秃尖是反映品种结实性最直观的性状，不秃尖或秃尖小是品种结实性、稳产性良好的表现，也是农艺性状优良的重要标志。一些耐密性差、边行优势明显的品种无论栽培条件多么优越，总有秃尖，只是秃尖大小有差异，其结实性多对生长逆境响应敏感，稳产性差，若栽培管理不当，气候异常，往往秃尖重，此类品种少种为宜。人们普遍喜欢只要栽培管理正常，籽粒就可长至果穗顶端、基本无秃尖的品种（图 4 - 32）。有些中、小穗型品种，即使密植，也少有秃尖或秃尖很小，这类品种出籽率对密度变化反应不敏感，稳产性多较好。

图 4 - 32　不同品种结实性表现

（二）干旱影响结实

干旱主要通过影响雌雄穗发育、受粉及使籽粒败育来作用于结实。干旱显著抑制雌穗发育，即降低小花原基出现速度，也减少小花数目。一方面使雌穗瘦小（图4-33），甚至无雌穗；另一方面使雌穗发育进程滞后，花丝伸长不畅，吐丝期推迟，雌雄花期不遇，受粉不良。干旱还可致发育中的籽粒败育，轻的造成大秃尖和秃底，重的果穗上仅中部有少数籽粒发育饱满（图4-34）或全部籽粒败育，败育籽粒遇雨后易穗发芽。

图4-33　干旱致果穗瘦小、
结实不良

图4-34　干旱致籽粒败育

籽粒建成期至灌浆初期是籽粒败育的高发期，该阶段遇不良气候，很容易导致籽粒败育。籽粒建成期败育的，籽粒无淀粉，但可见略微膨大的胚囊外裹褶皱、半透明状种皮；灌浆初期败育的，籽粒瘪瘦，因含少量淀粉而显本品种粒色，但色浅、无光泽。通过籽粒败育、减少结实粒数，确保部分籽粒发育饱满、留有后代，是植物长期进化中形成的一种适应自然逆境的生理表现。

不同品种后期抗旱性有差异，郑单958与浚单20相比，后期抗旱性较差，干旱时顶部籽粒易败育，秃尖大于浚单20。

（三）阴雨寡照影响结实

授粉期间降雨会导致花粉粒吸水胀破而失活，使授粉不良。寡照主要影响光合产物合成，受粉晚的籽粒在发育过程中竞争力较差，遇寡照、得不到充足养分供给时就会终止发育。

玉米花序为肉穗花序，其上小花开花（吐丝）有先有后，基部以上1/3处小花最先开花，然后渐次向上、向下，顶部最迟。故吐丝初期连阴雨会造成果穗中部或下部小花受粉不良而缺粒（图4-35，高温以及某些不明原因亦可造成相同症状），吐丝后期

图4-35　果穗下部与中部受粉不良

连阴雨可致果穗顶部小花受粉不良而秃尖。

在众多生态因子中，光照是影响产量的决定因素，其次是积温（刘淑云等，2005），干旱年份水浇地上容易创高产。反之，穗期寡照，降低花丝数与雄穗分枝数，使穗粒数减少；吐丝至籽粒建成期寡照，多致果穗顶部籽粒败育而秃尖；吐丝时用遮阳网遮 10 天，不仅造成严重秃尖，还造成大量空株，使收获亩穗数减少（图 4 - 36）。

图 4 - 36　遮阳处理（左）与对照小区收获穗数及穗型比较

（四）土壤肥力不足影响结实

1. 土壤缺素　在贫瘠土壤上栽培玉米，不仅营养体长势差，雌穗也会发育瘦小，结实少并秃尖。氮素营养对叶面积形成及功能期维持有重要作用，缺氮植株弱小，叶片中参与制造光合产物的叶绿素含量低，叶色发黄，后期早衰，库源关系不协调，果穗易秃尖，且籽粒灌浆不充分。穗期缺磷，果穗分化发育不良，吐丝期推迟，也易造成秃尖、缺粒、粒行不整齐甚至空株。缺钾不利于淀粉、核酸合成及维管束发育，还会使植株因抗旱、抗茎腐病能力差而早衰。硼是对玉米授粉受精有重要作用的微量元素，缺硼时，玉米雄穗退化、花丝早枯、花粉管萌发受抑制，常使果穗靠近茎秆一面因受粉不良而行粒数少或缺行。

2. 后期脱肥　后期脱肥也可造成籽粒败育、果穗秃尖。在 21 世纪之前未种肥同播、不施基肥的年代，包括套播夏玉米，一般认为应小喇叭口期追肥，利用促小花分化、增"库"扩"源"途径来获取高产，采用这种技术模式，玉米后期难免脱肥，易秃尖。种肥同播技术推广后，人们认识到了这一问题，追肥观念发生了变化，普遍认为追肥期应后移至大喇叭口期或更晚，不需增"库"，而是通过保结实率、防早衰来获取高产。现有品种夏播，雌穗小花数多在 650 朵以上，但在种植密度＞4 000 株/亩时平均穗粒数达 600 粒的群体罕见，也直观反映出利用促花增粒来提高群体收获粒数、增加产量的潜力有限。

如今，随着简化栽培的需要，人们更倾向于全部肥料一次基施。但需注意的是，即便采用缓/控释肥一次基施，也难保不脱肥，尤其在瘠薄地上。理由是 GB/T 23348—2009《缓释肥料》和 HG/T 4215—2011《控释肥料》都规定，缓释养分为单一养分时（多为氮素养分），缓释养分含量应不小于 8%，缓释养分为氮、钾两种养分时，应各不小于 4%。以夏玉米一生吸氮 12～15 千克/亩、后期需氮占氮吸收总量的 30% 概算，后期需供氮3.6～4.5 千克/亩；以含 8% 控释氮、40 千克包装的复混肥概算，仅亩施 1 袋，中后期只能供氮 3.2 千克/亩，不能满足需求。如果只含 4% 控释氮，无论是 40 千克或 50 千克包装的，仅亩施 1 袋，后期必脱肥。通常情况下，缓/控释肥中要求控释期在 60 天以上的养分也占一定比例，而 GB/T 23348—2009 和 HG/T 4215—2011 都未对控释期达 60 天以上的养分含量做出强制规定，仅简单规定了 28 天养分释放率要≤80%（HG/T 4215—2011 规定≤75%）。出于成本控制考虑，企业多不会把产品缓/控释养分含量调的显著高于 8%，控释养分还可能全部使用控释期短于 60 天的，这也会造成后期脱肥。用普通复混肥一次基施，以及过去一些地方不种肥同播（如套播玉米），而是在浇蒙头水之前亩施 40～50 千克尿素、不再追肥（"一炮轰"施肥法），因尿素态氮在土壤中高效有效期一般仅 40 天左右，后期脱肥在所难免。"一炮轰"施肥法，既造成肥料浪费，也使夏玉米亩产在河北难超 550 千克。

（五）密植影响结实

密植是品种适应性、抗逆性及栽培管理水平的"试金石"。提高品种选育精度和鉴别品种高产稳产性，简单地通过增加种植密度、加大选择压力就可实现。在密植条件下，品种是否多抗、广适，是否具有较高的稳产性和丰产潜力，以及亲本基因是否纯合，杂交个体间基因是否一致，很容易表现出来。

行粒数（或穗粒数）是对密度变化反应最敏感的穗部性状。品种不耐密、种子纯度低、群体内个体长势整齐度差或种植管理水平一般，密植时往往造成空株率和小穗率提高，严重秃尖果穗或籽粒缺行果穗大量出现。在水肥充足地块，密植使空株和小穗率增加的主要原因是密植加剧群体内个体竞争，扩增个体间长势的微小差异，使长势较差的植株长势更差。造成秃尖严重的主要原因是玉米单株（单穗）花丝数受密度影响较小，库与密度呈线性正相关关系，而单株叶面积与密度呈极显著负相关关系，也就是说，在增加种植密度时，源/库比降低，加上叶片相互遮阴，功能叶光合强度也降低，使得用于籽粒发育的养分供给出现问题，库充实度降低。在育种时，不注重品种耐密性及库源关系协调、片面追求大穗，所培育的品种多容易秃尖；冀单 31（7505）就是库源关系不协调的品种，相同密度下其最大叶面积指数显著小于同时代推广的掖单 4 等其他品种，所结果穗基本都秃尖。另外，有的品种密植条件下不仅秃尖较重，还出现大量缺穗，如鑫玉 16、锐步 1 号等。缺行既有授粉不良所致，也有籽粒败育所致（图 4-37）；还有的虽然有粒，但较同穗其他行的行粒数明显减少或

图 4-37　果穗缺行与整行粒败育

籽粒瘦小，脱粒时不易脱离穗轴（如矮单 268）。密植条件下果穗出现缺行是品种耐密性差的一种表现，属品种缺陷，78599 类群（PB 群）中一些材料有此缺陷。

密植还加剧高温、干旱、土壤肥力不足、晚播等逆境对雌穗发育的不良影响。冀东平原一般 6 月 20 日左右收获冬小麦，之后才夏播玉米，在此区域，如果夏播种植不耐高温品种且密植，高温年份雌穗发育常严重受抑而减产。

（六）药害影响结实

拔节后喷施三唑类杀菌剂防控褐斑病等，若用药量达到正常用量的 3 倍或 3 倍以上，

会造成吐丝困难，受粉不良，原因是三唑类杀菌剂被作物吸收后，在作物体内可抑制赤霉素合成。喷施降秆剂化控防倒，如果用药量大、施药晚，对穗分化亦有抑制作用，不仅造成穗小、穗粒数减少，还易引起秃尖。试验表明，在未倒伏情况下，喷施多种化控降秆剂均造成减产。喷施苗后化学除草剂，无论药害症状是否明显，与人工除草相比，也降低产量。

（七）病虫害影响结实

凡发生较早、可影响植株长势的病虫害均可影响穗粒数，导致减产。感染粗缩病、矮花叶病、丝黑穗病、疯顶病（图4-38）病株，常不能结实或结实少，雌穗被瘤黑粉病侵染，也可能不结实或结实少。后期螟虫钻蛀茎秆，会影响被害部位以上叶片光合作用及养分向下运移，并使上部叶片早衰及高位茎折；若钻蛀穗柄（图4-39），阻碍灌浆时对籽粒的养分供给，两种情况都可使被害株所结果穗瘦小、秃尖或无粒。吐丝前后重

图4-38 疯顶病致结实不良

发蚜虫，无论蚜虫聚集在心叶内，还是在雌穗上，常使重感蚜虫株长成空株或小穗株（图4-40）。

图4-39 玉米螟危害　　　　图4-40 重感蚜虫株

（八）高温危害影响结实

高温可通过影响雌穗发育和受粉致果穗结实不良，还可使正在灌浆的籽粒终止发育，致籽粒瘦瘪。玉米雄穗在温度25～28℃和相对湿度70%～90%时开花最多，温度超过30℃或相对湿度低于60%时开花明显减少，温度低于18℃或高于38℃时雄花不散粉；在温度高于38℃、午间强光暴晒下，花粉粒2小时就可失活。持续高温天气（最高气温≥35℃）可使玉米雄穗变小、分枝减少，小花退化、花药瘦瘪、花粉粒很快失活；果穗分化受到抑制，无小花（图4-41）或小花败育；不吐丝或花丝寿命缩短（花丝衰亡始于果穗中下部），最终导致玉米结实不良。温度越高、高温天气持续日数越多、种植密度越大，玉米受灾越重。高温引发的授粉不良，轻的果穗有少量缺粒；中度受害的果穗严重秃

尖（图4-42）、秃底、缺行（图4-43）或成为"哑铃"穗；重的果穗呈"满天星"状（图4-44），甚至基本无粒。

图4-41　高温致果穗
中部无花

图4-42　高温导致秃尖
（石家庄，2016年）

图4-43　高温致果穗秃底和缺行
（邯郸，2018年）

图4-44　高温致结实"满天星"状
（邢台，2018年）

20世纪90年代，在河北夏播玉米中白轴品种占主导地位，品种耐高温问题并不引人关注，种植面积不大的少数红轴品种也曾出现过高温不实现象，昙花一现的农大60就是一例。2010年，在保定徐水5月25日前后播种的先玉335、冀玉13等因高温减产严重，之后沧州、衡水等地晚春播或早夏播玉米几乎每年都有受灾信息反馈。2013年安徽受灾较重，2016—2018年黄淮海区连续3年出现高温致害天气，河北、山东、河南3省无一幸免，尤其是2018年，在河北省常年表现较好的郑单958也出现了轻度授粉不良。

2017年在河北保定，6月12日以前播种的个别品种出现了果穗中部籽粒乳熟期终止灌浆的现象，雌穗收获前呈"可乐瓶"状（图4-45），上下两端籽粒发育正常，中部籽粒瘪瘦；种植密度大的地块，50%以上是这种果穗（图4-46）。已知具有京24血缘的品种易出现此问题，形成机理不明，但可以肯定与品种不耐高温有关。

尽管高温导致的结实不良是品种耐高温能力差与高温气候共同作用的结果，但品种不耐高温的缺陷毕竟是人为可控的内因，是问题的主要方面。玉米并不缺乏耐高温种质资源，生产上出现严重的高温不实事故，源于品种审定时不对品种耐高温性能进行把关，使不耐高温品种进入生产。以先玉335为代表的诸多美系品种不抗高温，黄改系列品种多表现优异。在未对美系品种进行耐高温鉴定、筛选的情况下，大面积推广这类品种，无疑给粮食安全埋下了一颗定时炸弹。进入 21 世纪以来，随着以先玉 335 为代表的众多美系品种通过审定及种植面积占比逐年扩大，高温对玉米安全生产的威胁必将越来越大。

图 4-45　"可乐瓶"状穗

图 4-46　果穗中部籽粒瘪瘦

（九）低温危害影响结实

当 12 ℃≤温度≤19 ℃时，玉米就会出现散粉不正常现象；当温度≤12 ℃时，玉米散粉极少或不散粉；当温度＞19 ℃时，玉米散粉正常。16 ℃通常作为灌浆终止的临界温度，特殊情况下，如在冷凉高海拔地区种植青贮玉米，采用长生育期品种过于晚播或干旱严重迟滞发育进程，都可能使玉米遇低温而出现授粉不良及籽粒灌浆不充分的问题。

（十）胚乳发育不正常影响结实

田间偶尔可见长有"泡泡粒"的果穗（图 4-47），籽粒无胚乳或胚乳不充盈，不含淀粉或含淀粉少，胚或胚乳与种皮分离，种皮呈乳白色半透明空壳。未见从分子层面研究"泡泡粒"形成机理的报道。从生理上推断，"泡泡粒"的形成应与 3 种情况有关：第一，孤雌生殖；第二，双受精过程出现问题，卵细胞受精、胚发育正常，但极核未受精，胚乳不发育；第三，胚乳因不明原因发育差或中途终止发育。"泡泡粒"果穗系个体基因缺陷所致，田间比例高（＞4%）属种子质量问题。

图 4-47　"泡泡粒"果穗

二、解决对策

想减少因结实不良造成的损失，关键是要预防结实不良；出现结实不良后，无论采取何种补救措施，效果都是有限的。

（一）高温危害的应对

近年来，因品种不耐高温引发的结实不良现象最为突出，预防关键是选种耐高温品种，且在品种推荐种植密度范围内依据水肥条件等合理密植。雄穗分枝少的美系品种虽茎秆韧性、耐瘠薄性普遍较好，籽粒脱水快，但在耐高温性能上多有致命缺陷，遇到高温年份，常出现畸形穗和结实不良问题，还多高感腐霉茎腐，少种为宜；青贮玉米在晚播、密植情况下更不宜选用这类品种。要加强耐高温育种材料的筛选及资源创新工作，在品种审定中纳入耐高温鉴定，对不耐高温品种逐步淘汰。

高温致害年份，常播期在某一时段内的玉米受灾较重，若依此认为调整播期可规避危害就错了，起码不完全正确。理由很简单，不同年份高温出现的时间不定，持续时间也不同，适宜播期难以把握。2010年，河北7月中下旬至8月初长时间高温湿热，保定地区5月下旬播种的玉米受灾重。2016年8月上旬出现高温天气，河南、山东夏玉米普遍受灾，河北中部石家庄、衡水、邢台等地6月10—15日播种的个别品种受灾较重。2017年，出现过两次高温天气过程，最高温度天气出现在7月10日前后，高温持续约一周时间，第二次出现在8月上旬。当年山东因不耐高温品种种植面积较大，受灾最重；河北中东部地区早夏播或晚春播的受灾较重。2018年，河北、山东、河南3省均严重受灾，河北一些

地方6—8月间出现了50余天日最高气温35℃以上的高温天气，最高达到了43℃；当年河北中南部因冬小麦收获较常年偏早，不少地块6月上旬夏玉米就已经播种，其中6月5—10日播种的受灾最重，高温敏感品种穗粒数普遍减少15%～30%，受灾严重品种穗粒数不及正常时的1/2（图4-48），南和一合作社2万多亩玉米受灾；冀东平原6月20日以后播种不耐高温品种、种植密度较大的地块（＞4 500株/亩），不少因雌穗发育极差而籽粒基本绝收；但邯郸地区蒜茬

图4-48　严重不耐高温品种

地上5月底播种的玉米基本未影响。显然，调整播期并不能彻底解决问题。另外，夏玉米播期取决于上茬作物收获早晚，早夏播与晚春播的播期又多受降雨时间左右，利用调整播期来避灾，理论上看似可行，生产上不现实。当然了，从受灾概率与受灾程度上看，河北夏玉米6月12—20日播种的相对安全，5月下旬至6月上旬以及6月下旬播种、种植密度大的，受灾是大概率事件。

需要注意的是，有资料谈到灌水降温、合理密植、人工辅助授粉、喷施叶面肥和生长调节剂等可缓解高温危害，但仔细推敲，这些措施与调整播期一样，都不现实。2016年，河北降雨充沛，邯郸、邢台局部地区还出现了严重的洪涝灾害，受高温危害地块多墒情充足；况且，灌溉农区1口井一般要覆盖耕地50亩以上，轮浇1次，微喷多需3天左右，畦灌需1周或更长时间，做不到出现高温时都能及时灌水降温。密植加重高温危害，但稀植却不会避免危害，图4-42摄于水沟边，植株通风受光条件良好，照样结实不良。人工辅助授粉需异地采粉，费工费时，大面积种植不耐高温品种，粉源难以解决，农时也不允许，规模化种植的用工成本更让种植者难以承受；短时间内，一个县、一个地区，几十万亩、上百万亩玉米让人们冒着高温去人工授粉，是件难以想象的事情。还有报道，授粉期遇极端高温天气，可用小飞机低飞辅助授粉，也是行不通的。在高温影响下，当大量花药败育、花粉失活、雌穗畸形、花期不遇时，这样做不可能解决问题。至于出现高温时临时喷施叶面肥和生长调节剂来提高授粉结实率，无科学依据。解决高温危害最经济有效的措

施就是选种耐高温品种。当出现高温不实后，通过收售青贮或晚收（提高粒重）来减少损失，效果也一般。青贮玉米市场有限，多年的青贮玉米价格波动规律表明，每当玉米出现大范围倒伏、高温不实等问题后，供需关系必发生变化，价格暴跌在所难免。在此也建议，种植青贮玉米，一定要防范市场风险，最好做到粮饲兼用。

（二）旱灾的应对

旱灾引发的结实不良，常见于雨养农区。在这类地区，无论春播、晚春播还是早夏播，播期受降雨早晚左右。如果播期较早（5月中下旬），至7月中旬前长时间无有效降雨（河北省多数年份7月中旬方正式进入雨季），常导致果穗瘦小、结实不良；若播期过早（4月下旬至5月中旬），或雨季滞后，干旱持续到7月中下旬，往往造成绝收。这类地区应加强品种抗旱、农艺抗旱和设施抗旱技术推广力度，同时种植者应积极参与农业保险来转移生产风险。

（三）合理密植

盲目加密种植是导致空株、小穗株增多及严重秃尖最常见的原因。密植不仅加剧高温、干旱、土壤肥力不足、晚播等对雌穗发育及结实不良的影响，还会加大倒伏风险，使茎腐病、穗腐病等重发。原则上讲，应依据土壤肥力、水肥条件选品种，再以品种定密度。土质肥沃、水肥条件好、常年风灾较轻的地方，应选种产量潜力高的紧凑型耐密品种，通过合理密植来获取丰厚回报（通常，适宜种植密度不足 4 000 株/亩的品种高产潜力一般）；而土壤瘠薄、水肥条件差的地块，选种稀植大穗、稳产型品种为宜。

第四节　穗发芽

一、穗发芽的原因

（一）基因缺陷

导致玉米穗发芽的原因主要来自内部的基因缺陷和外界降雨刺激。有些材料本身种子休眠期就短，如自交系 A318。理论上讲，与种子休眠习性、种皮通透性、赤霉素与脱落酸代谢合成、淀粉酶活性等有关的基因都会影响到穗发芽。易穗发芽的缺陷基因为隐性基因，通过杂合体遗传。籽粒中缺陷基因纯合时，即便内果穗未着雨、没有雨水刺激，生育后期，果穗上的籽粒在母体上也能发芽（图 4 - 49）。

（二）败育籽粒易穗发芽

一般品种果穗于母体上穗发芽，发芽多见于因干旱等造成的败育粒（图 4 - 50），这些籽粒尽管胚乳发育差，但胚已具发芽能力，后期雨水进入苞叶内、籽粒吸水后易发芽。败育粒易发芽，既有物理原因，也有生化原因。物理原因是败育粒在果穗上相互间隙大，籽粒易吸水；饱满籽粒接触紧密、不易吸水。生化原因是败育粒脱水快，含水量降低后，抑制发芽的内源激素消失或含量减少，使得其与益于发芽的内源激素含量的比值降低。GA_3 是益于种子发芽的内源激素，据王纪华等（1996）研究，受粉 8～16 天内，秃尖品种较不秃尖品种果穗顶部籽粒中 GA_3 含量高 0.5～1 倍。

双受精出现问题和胚乳灌浆期终止发育的"泡泡粒"遇雨后也易穗发芽。

图 4-49　基因缺陷致穗发芽

图 4-50　败育籽粒穗发芽

（三）倒伏与穗腐玉米易穗发芽

倒伏田压于稿秆之下、贴近潮湿地面的果穗既易穗发芽，也易穗腐。穗发芽与穗腐病两者是协同关系，穗发芽果穗易穗腐，穗腐病穗上的籽粒也容易发芽（图 4-51）。病原菌分泌玉米赤霉烯酮等能刺激发芽的物质，穗轴腐败后籽粒内源激素变化等，都是穗腐病穗易发芽的诱因。

（四）降雨与穗发芽

玉米是种子休眠期短的作物，无论是长于母体的果穗，还是收获后的果穗，遇长时

图 4-51　穗腐病穗籽粒发芽

间阴雨天气，都可能穗发芽，只是长于母体上的淋雨后水分容易散失，且籽粒含水量高，抑制发芽的内源激素含量也高，发芽概率较低。2005 年秋，河南沁阳遇连阴雨天气，部分农户收获的玉米 40％以上的果穗发芽。2007 年、2017 年河北也分别遇到了秋季多雨天气，尤其是 2007 年，石家庄等地连阴雨 20 余天，日数之多实属罕见，当年，凡 9月 25 日之前收获的玉米多出现了严重的穗发芽（图 4-52），农民损失惨重。在河北，冬贮大白菜不少产自"春播玉米＋秋菜"种植模式的地块上，这种模式生产粒用玉米，收获期在 8 月中旬前后，正值雨季，防穗发芽、霉变是个棘手的问题。

图 4-52　早收的穗发芽玉米

二、解决对策

加强易穗发芽种质资源的甄别与鉴定工作，勿用易穗发芽材料组配杂交种，生育后期降雨较多地区避免种植苞叶包裹不严品种。在黄淮海地区，成熟度好、含水量低的晚春播

与早夏播玉米，收获后要尽早处理，夏玉米要尽量晚收。黄淮海地区 10 月 1 日前后降雨概率比较高，早收、含水量高的玉米果穗，遇秋雨连绵年份，既不能摊晾，又不能长时间捂盖，堆放在一起淋雨数日，穗发芽在所难免。相比之下，长于秸秆上的果穗即便数日雨淋，穗发芽的可能性也较小。经验表明，在河北，9 月 25 日以后收获玉米，安全性较高。倒折玉米后期遇雨后要及时收获、晾晒。

第五节　主要病害

一、穗腐病和粒腐病

（一）致病菌

有 40 余种病原菌可引起玉米穗腐病、粒腐病，其中包括串珠镰孢菌、禾谷镰孢菌（赤霉菌）、拟轮枝镰孢菌、层出镰孢菌、尖孢镰孢菌、胶孢镰孢菌等众多镰孢菌以及青霉菌、木霉菌、曲霉菌、枝孢菌、粉红聚端孢菌、螺孢菌、色二孢属菌等，不同区域优势种不同。西南地区多雨寡照，是国内玉米穗腐病高发区。河北省有的年份个别品种也会高发穗腐病。2014 年，伟科 702 穗腐沤尖，重病田病穗率达 60％ 左右；2016 年豫单 606 高发穗腐病，在河北邢台，重病田病穗率达 50％～70％，其中重穗腐率达到了 20％（图 4－53）。穗腐病与粒腐病重发，严重影响籽粒及其加工产品品质。禽类动物对饲料中玉米籽粒霉变率敏感，用穗粒腐病较重的玉米

图 4-53　重穗腐病田

制成禽饲料易引发事故。GB 2715—2016《食品安全国家标准　粮食》和 GB 1353—2018《玉米》均规定，霉变粒含量不得高于 2％。

真菌性穗腐果穗外观因病原菌发育程度及菌丝体、代谢产物和孢子颜色而异（图 4-54）；感病部位呈白色、红色、青色等，或被各色孢子。禾谷镰孢菌穗腐，苞叶、籽粒、穗轴上可见红色霉层；拟轮枝镰孢菌穗腐，病粒初期褐色腐烂，后期籽粒表面被灰白、粉红至紫色霉层；木霉菌穗腐，可见籽粒上和籽粒间被青灰色霉层；青霉菌穗腐，籽粒上或粒间被灰绿色孢子；曲霉菌穗腐，果穗上可见黑色、黄绿色或黄褐色孢子。细菌性穗腐，果穗和籽粒腐烂，有黏液和臭味。

（二）穗腐病的诱因

穗腐病发病程度与品种特性、气候、虫害、种植密度及植株长势等密切相关。

1. 鳞翅目害虫蛀穗与穗腐病　河北省主要有 3 种鳞翅目害虫蛀穗，玉米螟（图 4-55）、桃蛀螟（图 4-56）和棉铃虫（图 4-57），平均发生比例约各占 1/3，但年度间三虫数量比例有较大差异。这些害虫危害雌穗，造成内外贯通伤，使得雨水及病菌易由伤口进入雌穗内部，是一般年份造成穗腐病重发的主要诱因。另外，草地贪夜蛾、黏虫、灯蛾幼虫、

图 4-54　常见病原菌引起的穗腐病
a. 禾谷镰孢菌　b. 木霉菌　c. 曲霉菌　d. 拟轮枝镰孢菌　e. 青霉菌　f. 细菌

部分鞘翅目害虫、蜗牛等取食花丝、危害雌穗，致籽粒裸露、破损，或使花丝通道失去花丝的遮蔽，使内果穗易着雨水，均会加重穗腐病的发生。

图 4-55　玉米螟成虫与幼虫

2. 品种与穗腐病　对穗腐病致病菌抗性差或易感蛀穗螟虫的品种多易穗腐；苞叶短小、包不住果穗或灌浆中后期苞叶松散的品种，携带病菌的雨水能顺利进入雌穗内部，穗腐病发病率往往较高。籽粒脱水时表面容易产生微伤（常见于角质胚乳较多、籽粒脱水较快的品种）且抗病性较差的品种，后期遇雨，也高发穗粒腐病。

3. 降雨与穗腐病　在河北，降雨对穗腐病发生有正反两种影响。若蛀穗螟虫集中产

图 4 - 56　桃蛀螟成虫与幼虫

图 4 - 57　棉铃虫成虫与幼虫

卵期至低龄期（通常在籽粒建成中后期、授粉后 6～12 天）出现充沛降雨，有效遏制了雌穗上虫口数量，则当年穗腐病发病就轻；若这一时期干旱少雨，蛀穗螟虫等高发，灌浆中后期再频繁降雨，发病就重。

4. 其他原因　高温可导致苞叶短小，裸露的果穗既易受多种害虫危害，遇雨后也易穗腐。高密度种植地块常使蛀穗螟虫重发，加上通风透光不良，穗腐病发病也较重。群体内长势差、发育不良的植株，如自交苗和高位茎折株（图 4 - 58）易感蛀穗螟虫，也易穗腐。茎腐病重发地块和倒伏严重地块通常穗腐病也较重。穗柄较长品种，灌浆期雌穗会外倾生长，利于体型较大的鸟如喜鹊站立其上，撕开苞叶，啄食籽粒（图 4 - 59），田边地头多见，这种被鸟危害的果穗遇雨后

图 4 - 58　风灾致高位茎折

也易穗腐。玉米收获时若果穗含水量高，且直接在地上堆放很厚（图 4 - 60），堆内不通

风，不摊开晾晒，苞叶又不及时剥净，长时间堆放，再加上降水，都加重穗腐。

图 4 - 59　被喜鹊危害的长穗柄雌穗

图 4 - 60　果穗堆放过厚

（三）粒腐病的诱因

穗腐病不仅是穗轴、苞叶感病，也常伴随着籽粒感病，形成粒腐；有时尽管胚乳看上去无碍，但只要穗轴感病，籽粒尖端部位也多会感病。人们习惯把果穗上有大量籽粒感病或穗轴及苞叶感病的归为穗腐，仅部分籽粒感病的归为粒腐。有多种原因可单纯导致粒腐，如螟虫危害籽粒，造成部分籽粒破损；后期苞叶内灌进雨水，着雨籽粒因病菌侵染，出现以花丝着生点为中心的放射状条纹（图 4 - 61）；籽粒被冰雹砸伤（图 4 - 62）；个别品种因基因缺陷，籽粒脱水期间

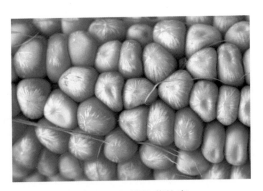

图 4 - 61　镰孢菌粒腐

种皮破裂、胚乳外露（图 4 - 63）；夏播种植生育期过长品种（如农大 108），收获后未很好晾晒；粒收玉米不能马上烘干等。

图 4 - 62　雹灾损伤籽粒及引发粒腐

图 4 - 63 种皮破裂

(四) 穗腐病与粒腐病的预防

1. 选种抗性品种 防治穗腐病、粒腐病，首先要选择抗病、抗虫及生育期适中品种，同时苞叶包裹要严。品种间对穗粒腐病抗性差异显著。邢抗 2 就是一个由河北省邢台市农业科学研究院育成的既抗蛀穗螟虫又抗穗粒腐病的品种。自交系黄早 4、掖 107、R15 对穗粒腐病抗性较好，使用 Mo17、掖 478、B73、B79 等组配的组合抗性差，昌 7 - 2 高感拟轮枝镰孢菌、感禾谷镰孢菌，郑 58 中抗拟轮枝镰孢菌、感禾谷镰孢菌。

从防控穗粒腐病方面看，在生育后期降雨充沛地区，种植片面追求苞叶松散的所谓宜机收品种是有问题的。2017 年 7 月修订的《主要农作物品种审定标准 (国家级)》已将禾谷镰孢菌穗腐病定为各产区若自然发病与人工接种鉴定同时达到高感则不能通过审定之病害。

2. 合理密植 密植群体多具有较高的穗腐穗比率，还容易引发倒伏，加重穗腐。在河北省以郑单 958 为代表的多数黄改品种从高产稳产角度出发，以种植 4 000～4 500 株/亩为宜。

3. 病虫统防 籽粒建成初期，亩用 20％氯虫苯甲酰胺悬浮剂 5～10 毫升等兑水喷雾，防控蛀穗螟虫；灌浆期间适时防治鞘翅目等可危害苞叶及籽粒的害虫，同时加喷烯唑醇、戊唑醇等广谱性杀菌剂，可在一定程度上防控穗粒腐病。

4. 妥善收储 大批量收获的果穗不可直接就地堆放，应及时将苞叶剥净，上垛 (架) 存放 (图 4 - 64)。垛架底部与地面、垛架与垛架之间要留有足够的通风空隙，垛架厚度不宜超过 1.5 米。河北夏玉米收获时脱水快的品种籽粒含水量多在 30％～35％，极早熟品种也在 25% 以上，黄改系列品种普遍在 35%～40%，无适宜粒收品种，粒收会导致大量籽粒破损，必须及时烘干，否则会霉变。即便以后出现收获时籽粒含水量可降至 25% 以下的宜粒收品种，收获的籽粒也不能直接入库，必须烘干。籽粒烘干，燃油成本 0.16 元/千克左右，用电成本更高，燃煤等又不符合环保要求。因此，慎用粒收技术。

图 4-64　果穗垛架存放

二、茎腐病

（一）致病菌与危害特征

1. 致病菌　玉米因茎基部组织病变，导致植株提早枯死的现象称为茎腐病。有 30 多种病原菌可引发茎腐病，另外还有淹渍、肥害、药害等引起的非生物性茎腐病。由细菌侵染引起的称为细菌性茎腐病（一般发生在高温高湿的雨季），而通常所说的茎腐病指生育后期由真菌侵染引起。茎腐病可由一种病原菌单独引起或由数种病原菌复合侵染引起，不同地区间主要病原菌有较大差异。近年来，由于小麦-玉米持续连作、秸秆还田、耕作方式单一（旋耕），以及地下害虫危害加重、抗性种质资源缺乏、无高效农药、盲目增密、不合理施肥、化控等，茎腐病危害呈上升趋势，尤其是腐霉茎腐。国内一直无很好的抗腐霉菌的种质资源，品种审定时也不人工鉴定对腐霉菌抗性。黄改系列品种普遍中、高感腐霉茎腐，美系和欧系品种多高感腐霉茎腐。茎腐病已成为玉米后期影响产量和站秆机收的重要病害之一。

2. 茎腐病发生时期与危害特征　真菌性茎腐病乳熟初期就可发病，乳熟末期至蜡熟期为显症高峰期。河北夏玉米种植高感早熟品种，8 月末就能见到病株。发病部位茎节处常出现褐色病征（图 4-65），节间手捏发软；剖开后可见内部组织疏松，髓组织萎缩，茎节处及维管束褐变（图 4-66），有的还有红色腐烂或黑色菌孢子。依据病原菌不同及病害发病特点，真菌性茎腐病还分为青枯型与黄枯型两类。青枯型茎腐病由禾谷镰孢菌、拟轮枝镰孢菌等侵染引起，多在雨后骤晴时急性发病，整株叶片短时间内突然变为青灰色、失水干枯，雌穗下垂（图 4-67）；曾经种植面积较大的高感代表品种为掖单 12 和掖单 13。黄枯型茎腐病在气候相对干旱时即可发病，多由瓜果腐霉菌、囊肿腐霉菌和禾生腐霉菌等侵染引起，发病缓慢，病株叶片自下而上逐渐变黄枯死，雌穗下垂（图 4-68）。镰孢菌以菌丝和分生孢子、腐霉菌以卵孢子在病残体或土壤中越冬，是翌年初侵染来源。

病菌在玉米生长的各个时期均可借雨水、地下害虫或机械伤口由根部侵入，逐步扩展至茎基部。玉米乳熟至近成熟期多雨利于发病。

图 4-65　茎腐病外部特征

图 4-66　茎腐病内部症状

图 4-67　青枯型茎腐病初期及后期症状

图 4-68　黄枯型茎腐病症状

（二）茎腐病防控

由于尚无抗腐霉菌的种质资源，也无特效农药，如何高效防控茎腐病，一直都是植保领域亟待解决的问题。从现有条件来看，必须将品种防控、化学防控、农艺防控甚至生物防控等各项措施综合运用，方可取得理想效果。

1. 选种抗腐霉茎腐相对较好的品种　品种对禾谷镰孢菌引起的青枯型茎腐病的抗性，属各级（各地）品种审定时抗性鉴定项目，高感一票否决，不会通过审定。鉴于目前没有高抗腐霉茎腐的品种，各地腐霉茎腐发生又很普遍，建议选种时重点留意品种在展示试验中对腐霉茎腐的抗性表现（一些企业有意识地提早召开品种展示会，使参观者难以看到品种在抗倒伏、抗茎腐方面的真实表现，这点需注意）。腐霉茎腐不是多数玉米区人工抗性鉴定项目，相关抗性信息少见于品种审定公告，只能来自种植后表现和专家意见。郑单958就属于中感腐霉茎腐品种，浚单20中高感，许多美系和欧系品种高感。如果种子包装袋上印有"注意防治茎腐病"的提示，则袋内装的应是高感腐霉茎腐的品种。

2. 做好轮作倒茬、适时深翻　多年小麦-玉米连作、秸秆还田、持续旋耕是夏播区玉米茎腐病危害呈上升趋势的重要诱因。调整种植结构、禾阔作物轮作倒茬；收售青贮或黄贮玉米（无果穗的稿秆），减少秸秆还田次数；隔2～3年深翻1次土壤，将病残体与病原

菌集中的上土层翻下去，对防控茎腐病都有效。

3. 做好苗期病虫害统防统治　镰孢菌与腐霉菌均属腐生菌，侵染玉米后，在植株长势健壮时会潜伏下来，不发病，待长势变弱时才发病。这就可以解释此类病菌侵染后为何只在苗期和后期发病，而在拔节至籽粒建成期、植株长势旺盛时一般不表现症状。

相当多的茎腐病株在苗期就已经被病菌侵染，表现就是苗期根腐病与茎基腐病，可见做好苗期根腐病与茎基腐病防治，是防治后期茎腐病的关键一环。田间调查时发现，在夏玉米苗期根腐病病株根系与地中茎上，大部分都有耕葵粉蚧、麦根蝽等虫害痕迹，说明根腐病发生与地下害虫危害密切相关，故种子包衣防治根腐病，不能只用杀菌剂，也必须用杀虫剂。杀菌种衣剂可选萎锈灵＋福美双（如"卫福"）或咯菌腈＋精甲霜灵（如"满适金"）的复配制剂，已杀菌剂包衣的种子慎用杀菌剂二次包衣。杀虫种衣剂可选吡虫啉＋氟虫腈、噻虫嗪＋氟虫腈或噻虫嗪＋溴氰虫酰胺等复配制剂，其中，氟虫腈对半翅目害虫麦根蝽有较好防效，噻虫嗪不仅对耕葵粉蚧防效较好，对苗期地上害虫黑麦秆蝇、蓟马也有很好防效。另外，种肥同播时，肥料中掺混木霉菌颗粒剂（图4-69），对苗期根腐病、茎基腐病及后期茎腐病也有防效。

图4-69　木霉菌颗粒剂施用方法

不少资料将灌浆期茎基部喷灌杀菌剂作为防控茎腐病的一项措施，试验结果表明，效果一般。

4. 科学施肥　偏施氮磷肥，尤其是氮肥，会加重茎腐病发生；而增施钾肥和有机肥，则显著减轻茎腐病危害。夏玉米全生育期亩施12～15千克纯氮足矣，过多无益。种植高感腐霉茎腐品种华美1号，每亩加施12.5～25千克氯化钾，不仅茎腐病发病率低，枯萎倒折株少，增产亦极显著（图4-70）。一些试验表明，通过调节养分供给防控茎腐病比化学防治更有效。

图4-70　增施钾肥（左）与对照（右）表现

5. 合理密植　密植不利于个体健壮生长，并恶化冠层内通风透光条件，加重茎腐病发生；适当降低密度，利于防控茎腐病。密植群体喷施化控降秆剂，易引起植株早衰，加重后期茎腐病发生。

6. 防止涝灾渍害　玉米田长时间淹水或湿度过大（土壤相对含水量＞90%），会导致土壤透气性不良，并引发一系列对作物有害的土壤物理、化学变化及作物生理与病理变化，加重茎腐病发生。雨季要遇涝随排，水退后及时补施锌、钾肥。春播区地势低洼地块，宜起垄种植、适当晚播，防止土壤返浆期田间积水或发生渍害影响出苗及幼苗生长。

茎腐病虽早已是品种审定时抗性鉴定一票否决项目，但市场上不乏高感品种（高感腐霉茎腐病）。高感品种通过审定，源于茎腐病致病菌众多，全部人工接种鉴定不现实。品种审定时人工接种鉴定，现只鉴定禾谷镰孢菌一种（审定公告上给出的抗性鉴定结论来源于此）；对其他非特定致病菌的抗性鉴定，有赖于田间自然鉴定。自然鉴定时间有限，品种审定期间不一定出现使各病害都能表现的气候条件，这就造成了一些既高抗镰孢菌茎腐病，同时又高感腐霉茎腐病的品种通过审定；这些品种审定公告上写着抗或高抗茎腐病，生产上却表现高感。许多人并不清楚所谓高抗与实际的高感是由不同病原菌侵染引起的，公告上只简单地写一句"高抗茎腐病"，很容易误导农民认为所购品种对各种茎腐病均有抗性，生产上一旦严重发病，极易引发农民、种子经销商与种业公司之间的争端。建议在公告上写明品种审定时鉴定的是抗哪种茎腐病。另外，应增加病原菌人工接种鉴定对象，扩大鉴定范围，对危害大且发生普遍的其他致病菌，尤其是腐霉菌，亦进行抗性鉴定，即便不执行一票否决，也要提供更多有价值的信息给用种者参考，以便防范风险。

三、大斑病

（一）大斑病发生原因与特征

玉米大斑病的病原菌为大斑凸脐蠕孢菌，属凸脐蠕孢属真菌，在各产区均有发生，已发现至少有 16 个生理小种。20 世纪 70 年代至 90 年代中期是该病在国内危害较重的时期，20 世纪 90 年代中期前后，因种植京黄 417（烟单 14）、掖单 4、掖单 12、掖单 13 等，导致大斑病和青枯型茎腐病暴发，令人们认识到了活秆成熟对高产的意义，并引发了黄淮海夏播区第五次品种更新换代，随后，冀丰 58（冀单 29）、掖单 20、农大 108、郑单 958 等一大批抗大斑病、抗青枯病品种逐渐占据了主导地位，该病危害得到了有效控制。但进入 21 世纪以来，随着先玉 335 等病美系品种的推广，该病在北方春播区、西南和西北玉米区危害又有回升。

大斑病主要危害中后期叶片，严重发生时可侵染叶鞘及苞叶，中下部叶片先发病（图 4-71）。发生初期在叶片上形成水渍状斑点，并逐渐沿叶脉纵向扩展，不受叶脉限制，后期病斑为黄褐色、灰褐色或紫红色梭形大斑（图 4-72）。病斑中间色浅，边缘较深，气候

図 4-71　重感大斑病品种　　　　　　　図 4-72　大斑病典型症状

潮湿时病斑中间会出现大量灰黑色霉层，后期病斑常纵裂。病斑一般长5～10厘米，宽1～2厘米，有的可长达20厘米以上。在感病品种上病斑较大，严重发生时多个病斑连片，可导致叶片枯死。在抗性品种上的梭形斑较小，或为黄褐色、灰绿色、紫红色，有的外围有黄色褪绿晕圈。

玉米大斑病病菌在病残体上越冬，第二年经风雨传播而引发病害，条件适宜时，病斑上会很快产生分生孢子，引起再侵染。秋季气温降至18～27℃、空气相对湿度＞90％时利于病害发生，持续秸秆还田利于病原菌累积，品种间抗病性差异明显。

（二）大斑病防治措施

选种抗病品种是防控大斑病最经济有效的措施。现已发现 *Ht1*、*Ht2*、*Ht3*、*Ht4* 和 *HtN* 等多个显性抗性单基因，多对大斑病0号和1号等优势生理小种有抗性。在东北和西南春播区，大斑病属抗性鉴定一票否决病害，理论上讲，高感品种在这些地区不会通过审定。近年来，黄淮海夏播区和京津冀夏播区市售品种绝大部分抗性良好，2017年修订的《主要农作物品种审定标准（国家级）》中，上述两区已将大斑病从抗性鉴定一票否决项目中剔除。

田间通风透光利于抗病，易感地区应注意控制种植密度，并采用大小行种植。因品种抗性差及气候和病菌生理小种变化出现危害时，可在发病初期喷施内吸性、广谱性杀菌剂防控，整株施药。

四、小斑病

（一）小斑病的识别

小斑病的病原菌为玉蜀黍离蠕孢菌。国内小斑病菌有3个生理小种，其中O小种为优势种，T小种和C小种出现较少。发病严重时可导致整株叶片较早枯死（图4-73），造成减产。该病是夏播区重要病害之一，也是黄淮海和京津冀夏播区品种审定时高感一票否决病害。在黄河和长江流域的温暖潮湿地区常严重发生，减产可达50％以上，甚至绝收。

玉米小斑病病菌主要危害叶片，也危害叶鞘和苞叶。常从植株下部叶片开始发病，逐渐向中上部叶片蔓延。病斑初期为水浸状半透明的小斑点，发展后，病斑会因寄主抗性不同而形色各异（图4-74）。在有一定抗性的品种上，病斑点状、椭圆形、梭形或形状不规则，边缘紫褐或深褐色，周围有褪绿晕圈；有的窄条形；有的近长方形或边缘波浪形，受

图4-73 重感小斑病的自交系

叶脉限制，两端呈弧形或倾斜、不整齐。受叶脉限制的长方形病斑近似灰斑病病斑，但两端不齐。在一些高感品种上还可产生椭圆形或纺锤形、不受叶脉限制的灰褐色或黄褐色大型病斑，有的病斑有轮纹。小斑病与大斑病可混合发生（图4-75）。

病原菌主要以分生孢子或菌丝在病残体内越冬，翌年随气流与雨水传播，条件适宜时可在2.5～3天内完成一个侵染循环。夏秋多雨季节，病菌可进行多次再侵染。气温在25℃以上、种植密度大、田间湿度大时易造成病害流行。品种间抗病性差异明显。

图 4-74　小斑病各种病斑

图 4-75　大斑病、小斑病混合发生

（二）小斑病的防治

选种抗病品种，采用通风透光良好的种植样式种植，如大小行；并注意控制种植密度。易感品种发病初期，可用 10％苯醚甲环唑水分散颗粒剂 3 000～5 000 倍液、50％异菌脲可湿性粉剂 1 000～1 500 倍液或 12.5％烯唑醇可湿性粉剂 3 000～4 000 倍液，任选其一喷雾防治，每隔 7～10 天施药 1 次，连喷 2～3 次。

五、锈病

（一）锈病的识别

玉米锈病在我国有普通锈病和南方锈病两种，其病原菌分别是高粱柄锈菌和多堆柄锈

菌，均属担子菌亚门柄锈菌属真菌。

南方锈病是热带和亚热带玉米上常见病害。有资料显示，南方锈病病原菌在我国各地都无法完成周年侵染循环，不存在越冬问题，海南、华南等地区病原菌来自海外。病原菌以夏孢子随风雨传播，辗转危害，夏孢子脱离寄主后不能长期存活。每年夏孢子都从海南、台湾及东南沿海向内陆地区传播，并随暖湿气流北上，向东部、东南局部玉米区传播。抗性种质资源缺乏，玉米种植面积扩大、南北连片，南方种植秋、冬和早春玉米，给该病大范围、长距离"时空接力"扩散创造了有利条件，这是近年来其危害渐重、波及范围渐广的主要原因。南方锈病病原菌最北可传至辽东半岛。在黄淮海夏播区，该病危害南重北轻，河南鹤壁以南地区感病品种易受严重危害。河北夏玉米上锈病也以南方锈病为主，但尚不足以对主栽品种造成严重影响。温度26~28℃、空气相对湿度较高时利于病害流行。品种间抗病性差异明显，自交系X178、齐319、K36、P138等高抗，鲁原92、黄早四、掖478、掖107、Mo17、自330、8112等易感；一些抗性突出的材料多出自PB群。

普通锈病分布广，各地均有发生，以冬孢子在病株残体上越冬，翌年冬孢子在适宜条件下产生的担孢子是初侵染源，担孢子借气流传播到玉米上就导致发病，发病后产生的夏孢子可引起再侵染。另外，夏孢子可在南方温暖地区越冬，翌年通过高空气流远距离传播的夏孢子也是北方普通锈病发生的主要初侵染源。低温（16~23℃）、高湿（空气相对湿度100%）利于发病。东北、西北春玉米上锈病多以普通锈病为主，7月上旬、抽穗前叶片上就可见到孢子堆。

锈病主要侵染叶、叶鞘及苞叶。侵染初期病斑为褪绿小斑点，以后逐渐凸起成圆形或椭圆形，即病原菌夏孢子堆，孢子堆表皮破裂后散出粉状夏孢子（图4-76）。南方锈病病原菌孢子堆黄褐色，夏孢子金黄或黄色；高感品种苞叶被侵染时，外层苞叶内侧的孢子堆数量显著多于外侧（图4-77）。普通锈病病原菌孢子堆初期为小水泡状，夏孢子黄褐至红褐色（图4-78），色较深，孢子堆较南方锈病病原菌的略大（图4-79），后期在病斑及其周围会形成冬孢子堆，冬孢子堆破裂后散出深褐色粉状冬孢子。

在黄淮海夏播区，近年来南方锈病发生及危害显著大于普通锈病，遇气候适宜年份，高感品种植株从下到上，可布满金黄色夏孢子（图4-80），尤其在黄河以南地区，南方锈病已成为引发玉米后期大面积叶片早枯、植株早衰的常发病害。

图4-76 叶与鞘上破裂的孢子堆（南方锈病）

图 4 - 77　南方锈病侵染苞叶

图 4 - 78　普通锈病孢子堆

图 4 - 79　普通锈病（上）与南方
锈病(下)孢子堆区别

图 4 - 80　南方锈病
重发品种

（二）锈病防治

选种抗病品种。南部地区，拔节初期就可能出现夏孢子堆，注意田间调查。发现病斑后及时用 30％肟菌·戊唑醇悬浮剂 40～45 毫升/亩兑水飞机喷雾，也可用 12.5％烯唑醇可湿性粉剂 2 000～2 500 倍液常规喷雾，间隔 7～10 天再防治 1 次，连续防治 2～3 次。施药时整株施药。

六、玉米纹枯病

（一）纹枯病的识别

玉米纹枯病病原菌有立枯丝核菌、禾谷丝核菌和玉蜀黍丝核菌 3 种，均属丝核菌属真菌，其中立枯丝核菌和玉蜀黍丝核菌为优势病原菌。纹枯病在全国玉米产区普遍发生，西部地区发生严重。品种间抗病性差异显著，自交系 CML161、CML165、CML270、R15、Mo17 等抗病，掖 478、E28、K12、H21、P138、丹 340、齐 319、黄早 4、黄 C、冀 53、掖 107 等高感。

玉米纹枯病可侵染叶鞘、茎节、叶片、苞叶、果穗（图4-81），多先从植株底部1～2节叶鞘开始发病。初侵染的病斑呈水浸状，椭圆形或不规则形状。病斑逐渐扩大或多个病斑汇合后，形成中央灰褐色、黄白色，边缘黑褐色的云纹状斑块。病菌可以从叶鞘发病处直接侵入茎秆，引起茎腐烂倒折；沿叶鞘蔓延到叶片，严重者可导致下部叶片或整株过早枯死；侵染苞叶、籽粒、穗轴，还导致穗腐。田间湿度大时病斑上产生大小不等的白色菌丝体，随后变为黑褐色颗粒状菌核（图4-82）。

　　玉米纹枯病以菌丝和菌核在病残体及土壤中越冬，菌核在干燥的土壤中能存活多年。菌核遇到适宜条件产生菌丝侵染玉米叶鞘引起发病，病斑上的病菌是再侵染菌源。气温20～31℃、空气相对湿度＞90％条件下利于该病害发生。地形、地势、栽培条件与发病程度密切相关，密植、低洼地病重，坡地轻；连作田菌源积累多，发病重。

图4-81　纹枯病侵染鞘、茎、叶及苞叶　　图4-82　纹枯病菌丝体与菌核

（二）纹枯病防治

　　选用抗、耐病品种，合理密植，增施有机肥与钾肥，控施氮肥，及时排除田间积水，降低田间湿度。发病初期，可用5％井冈霉素水剂700～1 000倍液、40％菌核净可湿性粉剂1 000～1 500倍液、12.5％烯唑醇可湿性粉剂2 000～3 000倍液，任选其一喷雾，重点喷施茎基部，间隔7～10天再喷1次。重病田勿秸秆还田。

七、灰斑病

（一）灰斑病的识别

　　玉米灰斑病病原菌为玉蜀黍尾孢菌，属尾孢菌属真菌，全国大部分产区均有发生。该病是东北和西南春玉米主要病害之一，黄淮海夏播区东部玉米上也时有发生，但多不会导致显著危害。东北早熟、极早熟区和西南春播区品种审定时要求做抗性鉴定。在春玉米上，若抽雄前侵染，严重地块叶片可全部枯死，减产可达100％。

灰斑病主要发生在叶片，也侵染叶鞘与苞叶。发病初期，叶片上病斑为水浸状斑点，沿叶脉扩展，并受小叶脉限制。成熟的典型病斑为长矩形、两端较平，灰褐色或黄褐色（图4-83），大小为（0.5～4）毫米×（0.5～30）毫米。有一定抗性的品种上病斑为点状或长形、圆形小斑，病斑周围有黄色或黄褐色边缘，宽度受小叶脉限制。在叶鞘和苞叶上，病斑为圆形、近圆形或斑点状，深褐色，边缘有时不明显（图4-84）。田间湿度大时病斑会产生灰色霉层。严重发生时病斑连片，导致叶片枯死。

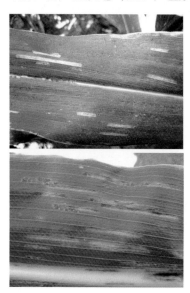

图4-83 灰斑病病斑　　　　　　图4-84 叶鞘与苞叶上病斑（引自王晓鸣资料）

灰斑病菌主要以菌丝体和子囊座在病残体上越冬，翌年遇适宜条件产生分生孢子，随气流和雨水传播到叶片上。分生孢子萌发后，产生芽管和侵染菌丝，从气孔、伤口侵入形成初侵染病斑；多雨季节病菌可连续多次再侵染。发病的最适温度为25～32 ℃，相对湿度100％或叶片上布满水；田间湿度大、气温较低、寡照、有雾时利于病害发生和流行。品种间抗病性有明显差异，Mo17、78599、沈137、齐319、昌7-2等材料抗病，丹340、自330、掖478、H21、黄早四、郑58、E28和掖107等感病，旅系多数材料感病。

（二）灰斑病的防治

种植抗病品种。在发病初期，可用30％肟菌·戊唑醇悬浮剂40～45毫升/亩兑水喷雾，也可用75％百菌清可湿性粉剂500倍液、50％多菌灵可湿性粉剂500倍液、10％苯醚甲环唑水分散颗粒剂3 000～5 000倍液，任选其一喷雾，每隔7～10天施药1次，连喷2～3次。

八、北方炭疽病

（一）北方炭疽病的识别

玉米北方炭疽病又称玉米眼斑病，病原菌为子囊菌门座囊菌纲座囊菌目短梗霉属玉蜀黍出芽短梗霉（*Aureobbasidium zeae*）。该病 1956 年在日本北海道地区被发现，1959 年正式报道，随后美国、加拿大、阿根廷、巴西、法国、德国、英国、保加利亚、波兰、葡萄牙、克罗地亚、新西兰和澳大利亚等国家都有发生。1963—1964 年，吉林省严重发生；2013 年，黑龙江、吉林、辽宁、内蒙古、陕西、河北和云南等省份普遍发生。2018 年，石家庄藁城晚春播玉米田出现未见过的病斑，经确认，为北方炭疽病。

该病主要侵染展开叶片，也侵染叶鞘、苞叶和茎秆。苗期即可侵染，苗期发病时病斑与后期相比往往较大。侵染叶片时，初期症状为点状水浸斑，后渐扩为圆形至椭圆形病斑，中央灰白色，边缘褐色，周围有黄色晕圈，形似眼睛，故而又称眼斑病。发病严重时，小斑会融合成不规则大斑，并变为褐色（图 4 - 85），日本最初据此称该病为"褐斑病"。在叶上病斑融合后，可致叶肉大面积穿孔坏死、叶片枯死。在叶鞘上的病斑与叶片上的不同，为散生、褐色，无褐色边缘。在叶正反两面中脉上的病斑较叶面的

图 4 - 85　北方炭疽病病斑后期症状

大，初期水浸状，后变为浅褐至深褐色，边缘有浅褐色晕圈。

该病呈"眼斑"阶段，与弯孢叶斑病易混淆，与弯孢叶斑病不同的是，该病病斑周围没有红褐色坏死环带；弯孢叶斑病不浸染中脉，该病侵染；该病在潮湿时病斑表面不出现灰黑色霉层。

北方炭疽病通过气流和种子传播。以菌丝体和分生孢子在病残体或种子上越冬，成为翌年初侵染源。种子带菌，病菌不仅附着在种子表面，还可侵至胚部。分生孢子在田间主要通过气流和雨水传播，叶部受侵染后 4～10 天即初见病斑，并产生分生孢子盘和分生孢子，条件适宜时可再侵。病原菌菌落生长和分生孢子产生的适宜温度为 20～26 ℃，凉爽高湿天气利于病害流行，故春播区发病更普遍。

（二）北方炭疽病防治

品种间抗病性存在差异，选种抗病品种最经济有效；自交系 PH6WC、DM476、DM638、昌 7 - 2、黄早 4 和沈 135 等有较好抗性。播前做好用内吸性杀菌剂种子处理，防止种子带病入田。发病初期，可选苯菌灵、甲基硫菌灵、噻苯咪唑和丙环唑等内吸性杀菌剂喷雾防治。重病田避免秸秆还田。

九、遗传叶斑及条纹病

生育后期，一些品种或自交系植株长势变弱后，叶片上会生出叶斑或条纹，却分离不到病原菌，这些叶斑与条纹是遗传缺陷所致的生理性病变。有的为密布失绿小斑点（图 4 - 86）；有的失绿斑较大，但无中心侵染点和特异性边缘；有的叶脉或叶肉呈失绿线状与条纹状；还有的上部叶片沿中脉呈 V 形失绿，并出现紫红斑；严重时可使叶片早枯。遗传叶斑及条纹病常见于自交系选育及繁种田，症状多样，因资源遗传背景不同而不同，同

一材料表现基本一致，生产上出现类似情况为品种缺陷。

同一品种或自交系，绝大部分个体都出现相同叶斑或条纹的，多缘于遗传缺陷，这种缺陷有可能导致生理性病变，也可能使该品种高感某一致病菌。能否分离到病原菌，是区分遗传生理性病害与有害生物侵染性病害的关键。

图 4 - 86　遗传叶斑及条纹病

第六节　主要虫害

玉米生育后期，不仅会受到蛀穗螟虫、黏虫、灯蛾、叶甲、金龟子、蚜虫和蜗牛危害，还会受到直翅目昆虫蝗虫、蚱蜢、蟋蟀以及双翅目昆虫潜叶蝇等危害。蛀穗螟虫、黏虫、灯蛾、叶甲等相关内容前文已有阐述，不再重复。

一、潜叶蝇

危害玉米的潜叶蝇主要是狗尾草角潜叶蝇，又称狗尾草禾潜蝇，属双翅目潜蝇科。在我国主要分布于上海、河北、河南、辽宁、海南等地。寄主有玉米、谷子、高粱、石茅、狗尾草等。以幼虫潜食叶肉，残留上下表皮，形成枯白色条状虫道（图 4 - 87），影响光合作用。

图 4 - 87　潜叶蝇危害状

狗尾草角潜叶蝇在华北一年发生 4～5 代，以蛹越冬。翌年春季羽化，3—6 月第一、二代危害冬小麦、早播春玉米、高粱和谷子等；在河北，3 月中旬可见雌蝇用产卵器在麦叶上刺留纵向排列的点状孔洞，4 月上中旬可见幼虫在麦叶上造成的枯白虫道（图 4 - 88）。7—9 月第三至五代危害春玉米、夏玉米、谷子、高粱等作物及狗尾草等禾本科杂草。玉米苗期至抽穗前成虫多在叶片中部和叶片边缘组织产卵，抽穗后多在中下部叶片的主脉两侧产卵。幼虫孵化后潜食叶肉，残留上下表皮，形成枯白色、宽 1～3 毫米、与叶脉平行的条状虫道。幼虫老熟后在被害处或爬出被害处落土化蛹。玉米生育后期被害叶片较多，也容易观察到。

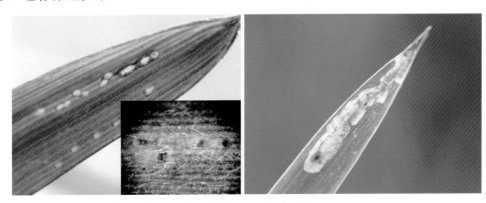

图 4 - 88　潜叶蝇危害小麦

防治潜叶蝇可用 100 克/升吡丙醚乳油 1 000～1 500 倍液、10％吡虫啉可湿性粉剂 1 000～1 500 倍液或 1.8％阿维菌素乳油 3 000～4 000 倍液任选其一喷雾。

二、直翅目害虫

在河北，玉米田常见的直翅目地上害虫主要有蝗虫（图 4 - 89）、蚱蜢、蟋蟀和螽斯科昆虫（图 4 - 90），以咬食叶片、苞叶或籽粒造成危害。有可能造成严重危害的是飞蝗，国内有 3 个种，东亚飞蝗、亚洲飞蝗和西藏飞蝗，其中东亚飞蝗分布最广，威胁最大。20 世纪 70 年代前，鸣螽（蝈蝈）在农田随处可见，但 70 年代后，随着农药大量使用，该虫在高产区农田已基本绝迹。

图 4 - 89　花胫绿纹蝗与短额负蝗

东亚飞蝗主要分布于亚洲东南部。在我国，北起辽宁、陕西、山西，南达广西、海南，东至山东、江苏、台湾，西至四川、甘肃等地均有分布。在垂直分布上，海拔 0.5～900 米均有发现。

东亚飞蝗在河北中南部一年 2 代，雄成虫体长 33.5～41.5 毫米，前翅长 32～46 毫米；雌成虫体长 39.5～51.5 毫米，前翅长 39～52 毫米。东亚飞蝗因种群密度不同，有群居型和散居型之分，两种类型在形态、生

图 4-90 蝻斯（若虫）

活习性及危害程度上有显著差异。在高密度时出现群居型，低密度条件下为散居型。散居型成虫前胸背板向上突出，呈屋脊状；头部、胸部和后足股节常带绿色。群居型成虫体色黄褐色，雄虫在交配前体色鲜黄色（图4-91）。群居型蝗蝻，体色可随虫龄增大而改变，3 龄以前体色黑灰色或黑色，头部略显红褐色（图4-92）；3 龄后，头除复眼外全部红褐色，体色也由黑渐变为红褐色；4～5 龄的群居型蝗蝻，体色常用"大红头、关公脸、黄马褂"来形容。散居型蝗蝻体色不随虫龄变化，荒地上的多为绿色、黄绿色；麦田的大部分为枯黄色，也有少量灰色的。

图 4-91 东亚飞蝗（群居型）

图 4-92 群居型蝗蝻（张书敏提供）

有 4 类地区易发蝗灾：沿海地区、洼淀与内涝地区、河泛区和水库周边地区，其中沿海苇滩及洼淀周边苇荒地为蝗灾常发区，水库滩地与沿海苇滩毗邻的夹荒地、撂荒地及洼淀周边的农田夹荒地为多发区。在黄淮海夏播区，黄河、淮河、海河流域，渤海湾及黄河入海口的盐碱滩涂和一些水位涨落不定的湖泊、水库、河道和内涝洼地有可能严重发生。干旱年份尤其是先涝后旱年份易发蝗灾。

蝗灾多发于初秋，通常情况下不会造成玉米绝收，一般减产在 15％ 以内。若蝗灾发生较早、危害晚播玉米，玉米大喇叭口期至籽粒建成初期被害，植株叶片基本被吃光，则减产会高于 70％。据研究，当蝗虫密度达到 10 头/米² 时就会出现群居型个体；25 头/米² 时就会产生群集迁飞习性。在中等密度时（25～62 头/米² 蝗虫），蝗虫会排列成行，并开

始朝同一个方向运动，有时会统一突然改变运动方向；当蝗虫密度超过 74 头/米^2 时，有序前进的蝗群一般不再出现突然改变方向现象，而是沿同一方向不断前进数小时。蝗群经过处，植物绿色幼嫩组织会基本被啃食殆尽。1985 年 9 月 20 日中午，由天津北大港起飞南迁的东亚飞蝗，降落到河北沧县、黄骅、海兴、盐山和孟村 5 个县（市）及中捷、南大港 2 个农场，波及面积 250 万亩，这是 1949 年后国内首次蝗虫迁飞危害事件。1990 年以来，河北辛集、高邑、霸州及白洋淀、沧州沿海地区曾多次出现秋蝗暴发，1998 年局部夏、秋蝗连续暴发（图 4 - 93），有的蝗蝻密度达 5 000 头/米^2 以上。

蝗灾自古以来就是农业生产中除气象灾害外最突出的灾害，蝗虫一旦迁飞，所经之处"蔽空日无色""大叶全空小枝折""千顷如剥肤"。防范蝗灾，应重预防、早控制，农艺、农化措施综合运用，方可实现"不起飞、不成灾"的治蝗目标。一是改造蝗区、做好生态控制，如兴修水利、疏通河道、排灌配套、稳定水位、开垦荒地、防止土地盐碱化，实施作物合理布局，改变蝗区生态，使蝗虫失去滋生条件；二是做好易发区域虫情监测，当每平方米有若虫 25 头以上时，必须及时用药剂防治，用 20％除虫脲悬浮剂

图 4 - 93 夏蝗暴发（张书敏提供）

1 000～1 500 倍液、2.5％溴氰菊酯乳油 2 000 倍液、10％氯氰菊酯乳油 1 000～2 000 倍液、10％顺式氯氰菊酯乳油 2 000～3 000 倍液等，任选其一进行喷雾。

蝗灾与黏虫危害具有外来、突发、非本意的属性，不像其他病虫害一样在具体地块可防可控。故笔者在给中国人民财产保险股份有限公司编写《种植业保险业务手册》玉米部分时，将两虫列为保险赔偿项目。

第七节   中下部叶片早枯

一、中下部叶片早枯的原因

在黄淮海区，多数玉米主栽品种全生育期可长出 18～24 片叶，叶数差异主要与品种生育期或生长期有关，早熟品种少，晚熟品种多；春播略多，夏播、晚播略少。也有例外，如石家庄夏播，登海 662 以 18 叶居多，郑单 958 以 21～23 叶居多，但两品种在发育进程上基本一致。正常情况下，夏玉米长至 8～9 叶期，下部就开始出现死叶，之后随着新叶生出、生育进程延续，下部叶片也渐次向上枯死。抽雄期植株基部有 3～5 片叶枯死或乳熟期有 6～8 片叶枯死，属正常现象；若穗位以下枯死叶多于正常数量或穗位以上叶也有枯死，则有问题。中下部叶片早枯，会使根系生理机能受影响，植株早衰。

有多种原因可致中下部叶片早枯。干旱会使下部叶片早枯（图 4 - 94）。土壤缺乏在

植株体内再转移率高的矿质营养，如氮和钾，下部叶片最先表现缺素症状，并早枯；在干旱和缺氮或缺钾情况下，下部叶片早枯症状更明显。高密度种植，田间郁闭，下部叶片也常早枯。可侵染叶和叶鞘并能致植株早衰的病害，如锈病、弯孢菌叶斑病（图4-95）、褐斑病、鞘腐病、纹枯病、根腐或茎腐病、北方炭疽病、大斑病、小斑病以及细菌性凋萎病、枯萎病等，都会引发下部叶片早枯。叶螨暴发危害，高感品种也可发生下部叶片早枯，枯萎先从叶缘开始，有的品种枯萎前还出现受叶脉限制的紫红色条斑（图4-96）。玉米遇涝灾，中下部叶片在水中浸泡一定时间，也会出现早枯现象（图4-97），这种早枯叶片上会附着水中漂浮物或泥土，

图4-94 干旱致中下部叶片早枯

且植株浸水部位与未浸水部位界限明显。苗后行间定向喷施灭生性除草剂草铵膦或酰胺类除草剂，药液喷至叶片上产生药害，亦使下部叶片早枯（图4-98）。另外，追施含有害物质的劣质肥料及有害固体或液体污染物进入农田也会导致下部叶片早枯。

图4-95 锈病与弯孢菌叶斑病
同发致下部叶片早枯

图4-96 叶螨致下部叶片早枯

图4-97 淹水导致下部叶片早枯

图4-98 除草剂药害致
下部叶片早枯

二、中下部叶片早枯的预防

旱作农田要尽量采用品种抗旱、农艺抗旱等措施，抵御旱灾危害。保水保肥性差的瘠薄农田，应避免用普通复混肥一次基施，即便用缓/控释肥一次基施，也需防止后期脱肥，必要时可在大喇叭口期之后适量追肥。低洼地块要遇涝随排，防止田间积水。做好苗前或苗期化学除草，尽量避免行间化除。后期注意防治褐斑病、鞘腐病、纹枯病、锈病等病害和叶螨。

第五章 玉米生产气象灾害与对策

中国幅员辽阔，气候多样，常发的气象灾害在时空分布上也不尽相同。涝灾方面，春涝和春夏涝主要发生在华南及长江中下游地区，夏涝主要发生在黄淮平原及长江中下游各省份，秋涝和夏秋涝在西南各省份及陕西中南部发生较多，其次是华南、江淮和黄淮等地。旱灾方面，西北地区玉米几乎是全生育期干旱，其他地方则以玉米前中期阶段性干旱为主。风雹灾害方面，其影响的时空范围与我国大陆性季风气候有明显关联。春、冬玉米区易受低温冷害，黄淮夏播区及东南玉米区易遇高温热害和风灾，东南沿海每年都可能因台风登陆造成巨大损失。

第一节 倒 伏

一、倒伏发生的时期

无论是春玉米、夏玉米，还是秋玉米，生长期间均可能遇风雨天气，出现倒伏。对产量影响较大的倒伏主要发生在大喇叭口期至乳熟初期，尤其抽雄期前后。玉米苗期倒伏，一般是根倒，可很快恢复直立生长，对产量无显著影响。拔节至小喇叭口期倒伏也主要是根倒（图5-1），少见茎折，倒伏玉米也能恢复直立生长（图5-2），对产量影响不大；有个别株茎折时，玉米群体会通过自我调节穗粒数和粒重对穗数减少予以一定补偿，产量受到的影响也有限；进入蜡熟期后倒伏，对产量影响也较小。时间上，春、夏玉米区，风灾多集中在7月中下旬至9月初、暴风雨多发时期，此时段玉米株高已达到一定高度或最高高度，抑或已结实、重心增高，抗倒力、恢复直立生长能力已较差。东南沿海风灾多发生于台风频繁登陆时期。

图5-1 大喇叭口期之前根倒

图5-2　恢复直立生长的倒伏玉米

二、倒伏类型及危害

玉米倒伏可分为倾斜、根倒、茎折和心叶弯折4种类型，其中茎折又有基部茎折和穗位以上高位茎折，不同类型易发时间不同，对产量影响各异。多数情况下（尤其中后期）田间倒伏是倾斜、根倒与基部茎折混合发生。

（一）倾斜（茎曲）

茎秆韧性较好的品种遇到较小风灾时，植株倾斜，在背地生长习性影响下，茎秆会长成弯曲状。玉米生长中后期易发生。单纯倾斜（茎曲）在田间通常是局部、小范围的（图5-3），对产量影响不大。

图5-3　倾　斜

（二）根倒

根倒易发生在雨季、抽雄之前，抽雄期后土壤湿软情况下遇风灾也可能发生。种植植株高大、根系发育较差品种，遇先雨后风天气，常发生根倒（图5-4），如先玉335（抽

图5-4　抽雄前根倒（右为先玉335）

雄前易根倒）和陕单911。播前整地、土壤疏松地块，生育中前期遇暴风雨，或刚浇过水地块又遇暴风雨，也均容易发生。大喇叭口期以前根倒，可恢复直立生长，大喇叭口期后发生则不能很好恢复。大喇叭口期至抽雄，倒伏越晚，对产量影响越大；抽雄前后全田根倒对产量影响最大，可减产60%左右；抽雄后倒伏越晚，减产越少。

（三）茎折

1. 低位茎折 多数茎折，折断部位在穗位以下，这是对产量影响最大的倒伏类型，且难以挽救。拔节后遇强风或暴风雨天气，均可能发生。授粉前群体内有个别茎折株时，这些植株虽多不会彻底折断，但夹在未折株间，受光不良，难以形成产量；彻底折断的，折断部位以上就会死亡（图5-5）。全田折而未断时（图5-6），虽有一定产量，但减产严重。2012年7月26日，河北柏乡、藁城等地遇暴风雨天气，中单909发生了大面积茎折，多数地块严重减产，部分绝收。乳熟初期至蜡熟期茎折，通常减产5%～40%，发生越晚减产越少；蜡熟期以后茎折，虽减产很少，但影响机收，勉强机收，收获损失率高。玉米低位茎折，多发生在基部第三或第四节间。后期一些茎秆较软品种，或因拔节期降雨及浇水追肥使下部节间伸长、机械组织发育不良的，遇大风天气，茎折部位也可发生在穗位以下更高节间（图5-7）。

图5-5 彻底茎折株

图5-6 茎折未断

图5-7 后期茎折

2. 高位茎折 玉米抽雄前后，遇大风或风雨交加天气，可发生高位茎折，茎折部位在穗位以上某节基部居间分生组织处（图5-8）。2013年、2014年、2019年，石家庄部分区县夏播玉米均出现了高位茎折现象，尤其2013年8月11日晚遇最大风速6.5米/秒的强风，高位茎折波及面大，田间茎折比例高。

玉米抽雄前后易发生高位茎折，因为此时植株已接近最高，但穗位以上节间基部居间分生组织处仍很脆嫩，遇风易折。易高位茎折群体与一般被认为易倒折的群体不同，穗位以下茎秆坚硬的所谓抗倒品种高位茎折比例高，下部茎秆较软或韧性较好的反之；种植密

图 5-8　高位茎折

度小的比种植密度大的高位茎折比例高。在发育进程上，接近抽雄或有个别抽雄的群体比未抽雄群体和已完成抽雄群体茎折比例高。2013 年，笔者正好设置一品种（郑单 958、冀丰 223）、播期（6 月 20 日、25 日、30 日）及密度（4 000 株/亩、4 600 株/亩、5 200 株/亩）三因素试验，发生风灾时 6 月 20 日播种的已全部抽雄，25 日播种的个别株抽雄，30 日播种的仍处于喇叭口期。郑单 958 三个播期处理平均高位茎折率分别为 11.99%、29.68% 与 8.25%；三个密度处理平均高位茎折率分别为 21.91%、17.76% 和 10.25%。冀丰 223 三个播期处理平均高位茎折率分别为 1.98%、20.93% 及 5.64%；三个密度处理平均高位茎折率分别为 12.45%、9.80% 和 6.31%。一般被认为易倒的品种与种植密度较大群体高位茎折率反而低，是由于它们下部茎秆较细而柔，遇风后可整体倾斜，可以卸去部分风力；种植密度小且下部茎秆较硬的，不能大幅度倾斜卸去风力，上部茎秆就会折断。两品种 6 月 25 日播种的高位茎折率均最大，该期播种的玉米当时已有部分植株开始抽雄，株高已接近最高，穗位以上第一节和第二节的居间分生组织处脆嫩易折；播期早的，居间分生组织相对老化，抗折力已有所提高；播期晚的株高与重心较低，抗折力也相对较好。大部分高位茎折株，折断部位在穗位以上第一节基部，也有在第二、三节的，播期早的折断部位有增高趋势。对郑单 958 高位茎折株调查发现，折断部位越靠近穗位，穗粒数和粒重降幅也越大。在穗位以上第一节折断的，平均穗粒数、千粒重、穗粒重分别为 262.65 粒、303.12 克、93.14 克，单株产量降低 50.08%；在穗位以上第二节折断的，平均穗粒数、千粒重、穗粒重分别为 443.44 粒、315.45 克、130.63 克，单株产量降低 30.00%；在穗位以上第三节折断的，平均穗粒数、千粒重、穗粒重分别为 483.66 粒、337.23 克、167.00 克，单株产量降低 10.50%；未茎折株平均穗粒数、千粒重、穗粒重分别为 518.00 粒、336.55 克、186.60 克。另外，高位茎折株果穗受蛀穗螟虫危害较重，穗腐病发生比例与茎折比例正相关，郑单 958 和冀丰 223 于 6 月 25 日播种的三个密度处理（4 000 株/亩、4 600 株/亩、5 200 株/亩）平均穗腐病穗率分别为 13.03%、11.52% 和 9.15%。通常情况下，种植密度越大，穗腐病发生越重，而高位茎折可改变这一规律。高位茎折导致减产还证明了玉米生长后期，一些农户将上部秸秆削去饲喂牲畜的做法会导致减产。

（四）心叶弯折

小喇叭口期前后，茎秆粗壮的植株遇风灾天气，弯折可能发生在心叶内无茎秆处，弯折的心叶随风摇曳还可致弯折部位叶片破损（图 5-9）。心叶弯折、破损会使之后生出的叶片卷裹在一起、嵌套生长，心叶展开不畅，若放任不管就不能抽穗结实（图 5-10），必须在发现后及时用镰刀将嵌套在一起的叶片挑开。2011 年 7 月 13 日，河北藁城曾遇此种风灾，造成的倒伏株绝大部分为心叶弯折株，约占全田的 13%，及时用镰刀将嵌套叶片挑开的植株结实正常。

图 5-9　风灾使心叶折裂　　　图 5-10　心叶弯折株后期状况

三、预防措施

倒伏是玉米密植高产最大的障碍，也关系到能否站秆机收。规模化种植情况下，安全生产的首要关注点是防倒伏。倒伏玉米若人工收获，用工成本多让种植户难以承受，弃之又可惜。预防倒伏，需从选择抗倒品种、合理密植、科学施肥、慎选除草剂、适时化控、防治病虫草害等多方面综合采取措施。

（一）选耐密抗倒品种

耐密抗倒品种是高产稳产的基础。适宜种植密度不足 4 000 株/亩的品种，不仅产量潜力一般，一旦密植，还易出现倒伏、结实不良及穗腐病、茎腐病高发等问题。株高＞290 厘米、穗位＞140 厘米的高秆品种与中等株高品种（株高 260～290 厘米）和矮秆品种（株高＜260 厘米）相比抗倒力普遍较差。株型平展、植株高大、穗位高、穗柄长、果穗外倾（重心偏）、根系发育差、茎秆机械组织发育不良的品种，是典型的易倒伏品种（图 5-11）。紧凑型矮秆品种虽耐密抗倒性普遍较好，但大多产量潜力有限。因此，中等株高的耐密抗倒品种应是生产首选。

不同品种气生根发育程度、生长形态多样（图 5-12）。气生根发达、根与茎秆夹角小、入土深的品种不易倒伏；气生根少、根茎夹角大、入土浅的品种抗倒力普遍不强。茎叶夹角与茎根夹角角度正相关，不少平展型品种气生根喜横向生长，多抗倒力较差。与先玉 335 类似、抽雄前根系发育差的品种少种为宜；整个生育期间根系发育不良，后期微风下灌水就可引发倒伏的品种如陕单 911，更不宜种植。一些产量潜力好、耐密性尚可，但穗位较高、茎秆柔软、倒伏风险很大的品种如浚单 20、冀丰 58 等，不得用于规模化种植。纹枯病、茎腐病等可侵染茎秆的病害均可加重后期倒伏，高感此类病害的品种也不宜种植。

图 5-11　易倒伏品种　　　　　　图 5-12　根系生长形态

（二）做好二次包衣

种子包衣不仅可防控系统性侵染病害，侵染根部和茎基部的局部性侵染病害，以及地下、地表和苗期部分地上害虫，还可起到促根蹲苗、抗旱防倒的效果。鉴于不少市售包衣种子，售往春播区的无杀虫剂包衣，售往夏播区的无杀菌剂包衣，种衣剂也多无蹲苗促根成分，以及一些病虫害需用针对性强的种衣剂来防治，对种子二次包衣还是必要的。高浓度吡虫啉（60%～70%）种衣剂包衣，在促进根系发育方面作用明显；吡虫·氟虫腈种衣剂包衣，可有效防控一般药剂难以防治的地下害虫麦根蝽，从而减少苗期根腐病、茎基腐病及后期茎腐病发生。三唑类杀菌剂包衣，不仅可防治根部、茎基部病害，被作物吸收后抑制赤霉素合成，还具有蹲苗促根作用。咯菌·精甲霜或萎锈·福美双种子包衣，对防控后期茎腐病引发的倒折也有效。

海藻素、芸薹素内酯种子处理可刺激根系发育，美国 Cytozyme 科技有限公司的 SEED+（种佳美）是专门用于促根壮秆、抗旱防倒的生长调节型种衣剂。

（三）合理密植

以品种定密度，严格按品种推荐密度种植，是防倒伏的重要一环。不同品种产量与密度均呈抛物线关系，盲目增密，不仅不高产，还会显著增加倒伏风险，导致得不偿失。品种审定公告上给出的推荐种植密度，多是综合考量品种耐密性、抗倒力的结果，不是最高产量密度。郑单 958 在石家庄地区种植，安全高产的密度在 4 200 株/亩左右，最高产量密度在 5 200 株/亩上下，种植密度超过 4 500 株/亩，就可能出现严重倒伏。以品种最高产量密度种植，在高产潜力探索试验中可行，用于普通生产是不明智的。种粮大户应把防倒伏放在安全生产最突出的位置，建议取品种适宜密度下限种植，即便当地水肥条件优异、常年风灾较轻，增密也需谨慎。

（四）采用科学的种植样式

种植样式指玉米种植时植株在田间布局的形式，主要涉及行距宽窄、株距大小以及植株在田间分布的均匀程度等。总的来讲有三种形式，即等行距种植、大小行种植和穴播。

确定种植样式的原则是：能协调密植与个体发育的矛盾，使群体内个体既充分发育，又均衡生长；调节田间生态小气候，提高光、热、水、肥资源利用率，抑制病虫草害；便于田间管理与机械化作业。

1. 均匀种植　玉米单株产量与茎粗极显著正相关，基部第二、三节茎粗与产量的相关系数均在 0.98 以上（$n=15$，同一品种）。单株营养面积过于畸形，加重个体间生长竞争，不利于群体内个体均衡发育，不利于形成高质量群体。而要想缓解密植群体内个体间相互竞争，使个体发育整齐健壮，唯有使植株在田间均匀分布，毕竟水分、养分、光照在田间都可视作均匀分布的。理论上讲，最均匀的布局样式是相邻 3 株玉米呈等边三角形分布，或 7 株玉米呈"六点一心"正六边形蜂巢式布局（图 5 - 13），这种布局，株行距随密度变化而变化，临近植株间的距离均相等。播种时，需根据种植密度计算出相应的株行距，计算公式如下。

$$P=\sqrt{\frac{2\sqrt{3}\,S}{3D}}=1.074\,6\sqrt{S/D}$$

$$R=\frac{\sqrt{2\sqrt{3}\,S/D}}{2}=0.930\,6\sqrt{S/D}$$

式中，P 为株距（米），即相邻 3 株玉米等边三角形分布时三角形的边长，R 为行距（米），S 为面积（公顷），D 为种植密度（株/公顷）。

若将蜂巢式布局定义为植株在田间分布最均匀的布局样式，可证明，一般等行距播种，行距 0.4 米以上或种植密度 3 600～6 000 株/亩时，密度不变或行距不变，植株在田间分布的均匀度会随行距或密度的增加而降低；高密度种植，行距越大，植株在田间分布均匀度越低（详见《玉米科学》2006 年增刊《植株田间分布均匀度的定义与计算》一文）。蜂巢式均匀布局，利于抗倒高产，但小面积人工点播可以实现，大面积机械化播种难以实现。

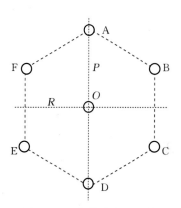

图 5 - 13　蜂巢式布局示意

2. 关于等行距与大小行　等行距或大小行条播是与现代化播种技术及简化栽培相适应的种植样式。两者相比，孰优孰劣，一直存在争议。20 世纪 90 年代前，由于种植平展型品种居多，且还多感大斑病、小斑病等病害，普遍认为大小行利于改善田间通风透光条件，减轻病害发生；有的是因为种植方式就决定了适合大小行种植，如地膜覆盖栽培。目前，大小行多见于种植植株高大品种的春播区和一些超高产攻关田。超高产攻关田采用大小行主要是为了提高土地利用率、便于中耕培土及灌溉，其小行一般只有 30～35 厘米宽，大行宽 70～80 厘米，平均行距 55 厘米左右；玉米拔节后，在大行上开沟，一是给两边植株培土兼除草（避免化除减产），同时开出的沟作为灌水沟，整片地除了地头有横向水渠外，地里无畦灌用水沟。近年来，随着郑单 958 等紧凑型耐密抗病品种推广、种植密度增加、播种机技术含量提高和机械化收获的发展，生产更多倾向于等行距、单粒精播。试验表明，夏玉米高密度（4 700 株/亩）种植时，传统的大小行种植（40 厘米＋80 厘米）不

及 50 厘米等行距播种高产。

等行距播种，也有行距大小之争。多年多次试验结果表明，夏玉米高密度种植，以 50 厘米左右行距产量最高，茎秆发育较好。大行距种植有 5 个缺点，一是植株在田间分布的均匀度降低；二是漏至地表的光较多，冠层光截获少，杂草发生重；三是棵间水分无效蒸发量大；四是茎秆变细，抗倒力减弱；五是不易保证密度，难以避免的缺苗断垄对种植密度的影响显著高于小行距播种。

虽然等行距播种以 50 厘米行距产量最高，但考虑到机收要对行收获，不然收获损失率高，故播种时确定行距，还需兼顾收割机对行距的要求。早期收割机割台行距多为65～70 厘米，种植行距以 60 厘米为宜；新出机型割台行距也有 60 厘米以下的，对应的种植行距可以缩至 50～55 厘米。一次收获 4 行及 4 行以下的小型收割机允许割台行距与种植行距有 5～10 厘米差异，用一次收获 5 行及 5 行以上的中大型收割机收获，播种行距应与收割机割台行距一致。

3. 关于穴播　穴播即"一垵多株""一钵数苗""一穴多株"，过去多见于那些不适宜机械化甚至不能使用畜力作业、水土易流失的坡岗地上。这些地块只能人工完成各种田间作业，如广西部分山区，北方坡度大于 15°的陡坡小块地，在这些地块上通过挖"丰产坑""鱼鳞坑"穴播，可获得相对较高的产量。穴播优点在于行穴距大，便于田间农作，但也有致命缺点。最突出的缺点是株距过小，单株营养面积过于畸形，个体间争水、争肥、争光问题突出，不利于个体均衡发育，也不利于个体健壮生长。土壤肥力一般的情况下，植株发育细弱（图 5-14），抗倒力差。另外，同穴植株要求个体间发育必须整齐一致，否则"大苗欺小苗"，必导致空株与小穗株增加；平时定苗留双株时，若两株大小不均，较小的植株很难较好发育。穴播行距多较宽，田间易滋生杂草，棵间水

图 5-14　一穴多株玉米抽穗期长势

分无效蒸发量大。国内外大量研究显示，平原高产地块上，一穴双株或一穴多株，产量超过单株种植的概率很小。总的来讲，穴播是一种原始落后的种植样式。

（五）科学运筹肥水

土质肥沃的地块上容易形成壮苗，茎秆粗壮自然抗倒力就强。既从事种植业，又从事养殖业的种粮大户的承包田中由于施有机肥较多，土壤肥力高，同等密度下，个体发育健壮，出现风灾时倒伏较轻。加施有机肥还对防早衰和降低茎腐病病株率有作用。过量施氮，不利于茎秆机械组织发育，也加重后期茎腐病发生；与之相反，增施钾肥，既促进茎秆机械组织发育，提高抗倒折能力，也显著减轻后期茎腐病的发生，每亩加施 12.5～25 千克氯化钾，作用明显。玉米苗期耐旱怕涝，苗期适度控水，益于根系发育及蹲苗，而拔节期追施氮肥并灌水，会导致基部节间伸长，株高与穗位增高，抗倒力减弱。

一般情况下，亩产 600 千克左右的夏玉米，全生育期施氮 12～15 千克/亩足矣，选用

高氮（含 N≥27%）、足钾（含 K_2O 8%～12%）、磷适量（P_2O_5 6%～10%）的缓/控释复混肥一次基施 40～50 千克/亩即可，多无须再追肥；且缓/控释肥一次基施，免去追肥及追肥后浇水环节，也能避免追肥浇水后突遇暴风雨而倒伏。进入雨季，需灌水时要看未来一周天气预报，近期无雨时再浇。在河北，渠灌区小麦、玉米均易倒伏，缘于单次灌水量过大（≥200 米³/亩），不仅降低作物抗倒力，还造成土壤养分淋失；渠灌区每次灌水量要加以节制，以不超过 100 米³/亩为宜。基肥浅施（深度<15 厘米），及喷灌地块全生育期采取小水勤灌法灌水，单次灌水量过小，亦诱使根系分布变浅，对抗旱、抗倒不利；喇叭口期前干旱，至少有一次灌水要保证达到 40 米³/亩左右。

乳熟期土壤干旱，既影响灌浆，还会使茎秆失水、糠软易折。河北省多数年份 9 月初会再次进入阶段性干旱期，若此时干旱少雨，土壤失墒严重，夏玉米应灌水一次，一方面益于活秆成熟，充分灌浆，防止早衰倒伏；二是为秋播小麦补墒；三是诱萌部分麦季杂草，并通过小麦播前整地灭除。

（六）慎选苗后除草剂

苗后施用 2，4-滴、2 甲 4 氯、氯氟吡氧乙酸或二氯吡啶酸等激素类除草剂以及含这些药剂的复配制剂，均对玉米抗倒不利。施用这些药剂，常造成玉米植株细弱；气生根不分条或背地生长，难下扎入土，失去对植株的支持作用和对养分、水分的吸收功能；须根增多，根系分布变浅；茎秆脆而易折。无宿根性阔叶杂草和种植植株高大、抽穗前根系发育差的品种的地块，应避免用这类除草剂。有必要全田施用时，施药时间最好为休耕期间杂草出苗后或麦收前一周之内。玉米生长期间施药，应对杂草定向喷雾，以防药害。杂草较少时，也可用涂抹法化除，涂抹施药不受施药时间和用药品种限制，随时可用药，对杂草有效的药都可用。

硝磺草酮也是对玉米抗倒有害的药剂，施之会使基部节间伸长，穗位、重心升高，倒伏率与人工除草相比增加 2～3 倍。烟嘧磺隆对穗位高度有抑制作用，适期、适量用药有益于抗倒。

（七）注意防除攀缘性杂草

北方玉米田主要攀缘性杂草有一年生的牵牛、葎草、马泡、卷茎蓼和多年生的萝藦、乌蔹莓、茜草、打碗花等（图 5-15），这些杂草攀缘玉米茂盛生长，会加重玉米遇风灾倒折，甚至直接将玉米压弯折。常用的封闭型除草剂或苗后除草剂乙草胺、莠去津、烟嘧磺隆和硝磺草酮等，对这些杂草防效一般或无效。长期旋耕以及仅施用对一年生杂草有效的选择性除草剂，是宿根攀缘性杂草近年来危害逐渐加重的主要原因。传导性强的激素类除草剂对这类杂草多具有较高活性，如氯氟吡氧乙酸可用于化除卷茎蓼、打碗花、马泡、萝藦、葎草等，2 甲 4 氯除可化除卷茎蓼、萝藦、葎草，对乌蔹莓也有较好防效。

2015 年以来，河北省邢台市南和县、邯郸市磁县先后反映，玉米田出现一种草甘膦都难以杀死的攀缘性杂草，经辨识为乌蔹莓（图 5-16），之前河北未见农田有该草危害报道。乌蔹莓为葡萄科多年生草质藤本植物，主要随绿化苗木远距离扩散。在石家庄 4 月中旬即可出苗，小枝圆柱形，有纵棱纹，微红褐色，茎顶端和茎节处红褐色更明显，无毛或微被疏柔毛；卷须 2～3 叉分枝，与叶对生；叶为鸟足状复叶，5 小叶，其侧面 4 叶两两共生在一次生小叶柄上（图 5-17）；果为近球形黑紫色浆果。与乌蔹莓容易混淆的植

图 5-15　部分攀缘性杂草

a. 圆叶牵牛　b. 萝藦　c. 卷茎蓼　d. 马泡　e. 葎草　f. 打碗花

物主要有两种，一是葫芦科的绞股蓝，同为鸟足状复叶，但叶两面被短硬毛，茎绿色，卷须叶腋生；二是攀缘性绿化植物五叶地锦，同为葡萄科，但叶是掌状复叶，注意甄别。

图 5-16　玉米田中乌蔹莓（张海军摄）

图 5-17　乌蔹莓茎、叶、花序与果

（八）适时化控

玉米化控降秆技术推广于 20 世纪 80 年代末、90 年代初期，一定风速下可起到防倒效果。早期代表产品是"健壮素"等，要求于大喇叭口期至抽雄前施药，控制上部节间伸长，降低株高。大喇叭口期至抽雄前施药，既施药不便，还致秃尖较重，上部叶片密集层叠，常重感蚜虫。进入 21 世纪后，随着"金得乐""吨田宝"等产品的出现，化控技术进一步普及，多数产品要求在 7～11 叶期施药，以控制茎基部节间伸长、降低穗位与植株重心，对株高影响不大。试验表明，有必要化控时，施药最佳时机在拔节始期（5～6 展叶或 7～8 叶期）。

多数化控剂的主要成分是乙烯利，但乙烯利易致早衰，需加入助剂胺鲜酯（DA－6）、芸薹素、复硝酚钠、6－BA、异戊烯腺嘌呤等生长促进剂或其他营养物质来平衡乙烯利强烈的抑制作用，不同厂家的产品，加入的助剂不同。生产上，化控普遍存在的问题是施药期偏晚，有的到小喇叭口期后才施药。施药晚不仅不能很好地抑制基部节间伸长，还影响雌穗分化，导致穗小、结实少、秃尖重；另外，高浓度、大剂量施药或重喷，常产生药害（图 5-18）。在其他防倒措施落实到位情况下，可以不化控。无倒伏年份，施过化控剂的玉米均减产；化控玉米易早衰，早衰玉米收获前反而易倒折；风大时，化控也起不到绝对防倒作用。易倒品种密植条件下可以化控，但需严格控制施药浓度和用量，宁漏喷不重喷，适期用药。

图 5-18　化控剂用量大且晚

（九）中耕培土

中耕培土是以精耕细作为特点的中国传统农业田间管理的主要农作措施，20 世纪 90 年代前曾广泛用于生产，一般拔节后需实施 2 次以上。中耕培土，即便是用畜力牵引或小型机械作业，都费工费时，随着化除推广，该技术逐渐淡出了生产。中耕培土主要用来控制杂草，兼破除板结、疏松土壤，促发新根，增强气生根对水分、养分的吸收及对植株的支撑能力，预防根倒。国外有大型中耕机械，相比之下，国内小型手扶式中耕施肥机只能逐行作业（图 5-19），仍未摆脱

图 5-19　小型中耕机械

用畜力中耕时效率低、劳动强度大的弊端，使得中耕技术难以大面积应用。

（十）及时防治病虫害

一些可危害根、茎及叶鞘的病虫害均降低玉米抗倒折能力。二点委夜蛾咬断浅播幼苗

次生根，可引发幼苗根倒；中后期栖息于茎基部叶鞘内侧时，还咬食气生根根尖，使气生根不能下扎入土，失去支撑功能。在国外，切根叶甲幼虫根虫咬食次生根，可致玉米倒伏；金龟子幼虫蛴螬有同样的危害习性（图5-20）。抽雄后玉米螟、桃蛀螟及高粱条螟等蛀茎（图5-21），被蛀茎秆遇风后极易折断。侵染茎鞘的病害如纹枯病（图5-22）、北方炭疽病、灰斑病、茎腐病和细菌性茎腐病等，都可降低茎秆机械组织强度，

图5-20　蛴螬对根系危害

尤其是普遍发生的茎腐病，不仅可使玉米早枯减产，也是致后期倒折的主要原因。

　　预防病虫害引发的倒折，要尽量选种抗茎鞘病害的抗病品种；用针对性强的杀虫、杀菌种衣剂进行种子包衣；抽雄前治虫一次，防止抽雄后螟虫转移蛀茎；综合采用控施氮肥、增施钾肥、合理密植、遇涝随排等各种农艺措施，做好茎腐病防控。

图5-21　玉米螟蛀茎

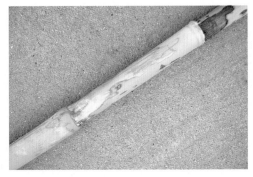

图5-22　纹枯病侵染茎秆

（十一）去雄

　　授粉结束后，去除全田雄穗，一可改善冠层内光照条件，利于高产；二可减轻后期蚜虫危害；三可减小植株风阻，降低重心，利于抗倒。2009年，石家庄藁城设夏玉米高产百亩方，授粉后全田人工去雄，8月27日突遇暴风雨，百亩方周围玉米全部严重倒伏，百亩方却基本未倒。高温下人工去雄，费工费时，劳动强度大，在高地隙去雄机研发出来之前，不推荐一般生产上采用。去雄时需注意，仅去除雄穗或者加上倒一叶增产；去掉了倒二叶，与未去雄的产量持平；去掉了倒三叶，减产10%左右。

四、倒伏后应对

　　玉米大喇叭口期之前根倒，可自然恢复直立生长，无须管理。大喇叭口期至籽粒建成期根倒，倒伏越晚，恢复直立的能力越差，有条件最好及时扶正，尤其是授粉前后倒伏，不扶会使玉米因受粉不良、籽粒败育等减产严重；扶正玉米减产很小。扶正作业要在发生倒伏后尽快实施，等茎基部生出次生根后再扶，一是易拉断茎秆，二是茎秆已背地弯曲生

长，扶正不易。乳熟后期根倒，减产相对较小，无须再扶，只是不扶、勉强机收，收获损失率高。生育前、中期大比例茎折，应及时毁种适期作物；大喇叭口期至灌浆初期严重茎折，可考虑收售青贮来降低损失（图 5 - 23）。

图 5 - 23　收售青贮

第二节　旱　灾

一、旱灾易发时期及区域

中国是旱灾频发的国家，干旱、半干旱地区占国土面积 53%，每年因旱灾减产粮食约占各种自然灾害造成损失总量的 60%，各地玉米都可能遭受旱灾。西北地区年降水量多在 400 毫米以下，自然降水难以满足玉米生长发育需要，干旱是该区玉米高产稳产的最大障碍。东北春玉米区及黄淮海夏播区，降水季节性明显，素有"十年九春旱"之说，经常对旱作农田玉米适期播种及中前期正常发育产生重大影响，偶发的伏旱还会造成大面积绝收；9 月之后的秋旱常影响灌浆及籽粒发育。西南地区历史上曾是降水较充沛地区，但进入 21 世纪以来，也成了冬春旱灾频发地区。华南地区虽有"鱼米之乡"美誉，但 2003 年也曾发生过伏秋冬连旱，给湖南、江西、浙江、福建、广东等省的部分地区农业生产带来了巨大影响。

二、旱灾特征及危害

（一）影响适期播种

旱灾首先是影响雨养农区玉米适期播种。在北方雨养农田，玉米播期多以春季降雨早晚而定，降雨过晚，常造成播期推迟而灌浆不充分或换种早熟低产品种而减产，甚至不得不改种食用豆类、谷黍类、荞麦等短生育期作物。

（二）生育前、中期干旱

生育前、中期干旱危害程度会因出现时期、持续时间不同而不同，其中干旱持续时间对受灾程度有决定性影响。在河北春、夏播区，7 月中旬以前（雨季到来之前）发生旱灾的频次非常高，轻度干旱会致玉米叶片午间萎蔫（图 5 - 24），傍晚至清晨再展开；如果旱灾进一步持续，就会致叶片昼夜萎蔫，营养与生殖生长速度变缓，植株矮化（图 5 - 25）。夏玉米苗后至 7 月中旬持续干旱，可造成减产 26% 左右；播期早的春玉米和晚春播玉米可因"卡脖旱"而绝收。2015 年 5 月中旬至 7 月 18 日，河北出现了超 60 天的持续干旱，西部山区，秦皇岛、唐山、廊坊三市及滨海平原不少借 5 月上旬降雨播种的玉米严重受灾（图 5 - 26）。

图 5 - 24　旱灾致叶片萎蔫

图 5 - 25　干旱致玉米苗生长变缓　　　图 5 - 26　旱灾对晚春播玉米影响
　　　　　　　　　　　　　　　　　　　　　　　　（2015 年 7 月 7 日摄）

　　当玉米叶片表现昼夜萎蔫后，若旱情仍然持续，叶片就会自下而上过早凋萎（图 5 - 27），甚至植株枯死。需要说明的是，玉米生育前期萎蔫系数比其他阶段相对较低，较耐旱，且生长点包裹在心叶内，一般不会旱死，多数情况是尽管气候干旱，也会有少量降雨或土壤储水，这些水虽不能满足玉米正常生长、结实需要，维系植株生命却无问题，只是发育进程会严重迟滞，形成"小老

图 5 - 27　干旱导致下部叶枯

苗"（图 5 - 28）。

玉米大喇叭口期至抽雄期间干旱，俗称"卡脖旱"，在春、夏玉米区发生于夏伏季，故又称夏旱或伏旱。"卡脖旱"对玉米生殖生长影响是致命的，对雌穗发育的抑制作用也大于雄穗，轻的造成雌穗发育迟缓，果穗短小；吐丝期推迟，雌雄花期不遇，授粉不良，或同果穗小花受粉时间不一致；散粉、吐丝期均滞后，灌浆期缩短；重者无雌穗、有穗无实或籽粒严重败育。抽雄前后玉米日耗水量最大，对干旱最敏感，是玉米需水临界期。2014 年河北遇夏、伏持续干旱，至 8 月下旬，西部太行山区旱地春播玉米有的地块既无雌穗，也无雄穗；有的有雄穗，无雌穗；有的虽有雌穗，但穗小、结实少，穗粒数多不过 200粒，且受粉期和灌浆进程严重滞后（图 5 - 29）；株高多在 1.5 米以下，减产 50%～100%。

图 5 - 28　干旱造成"小老苗"（2014 年 8 月 20 日摄）　　　　图 5 - 29　旱灾致果穗短小

（三）后期干旱

籽粒建成期至灌浆初期干旱，常造成籽粒败育；灌浆中后期干旱，会影响灌浆速率，导致植株早衰，籽粒瘦瘪，粒重降低。2014 年，在冀东平原，旱灾致害时期较晚，对旱地晚春播或早夏播玉米株高及雌穗分化影响不大，只是受灾地块有的严重授粉不良，全田空株（图 5 - 30）；有的授粉无问题，却籽粒败育严重，轻的果穗顶部大量籽粒败育，秃尖严重（图 5 - 31），重的果穗下部籽粒也严重败育，仅果穗中部有稀疏籽粒发育饱满（图 5 - 32）。重受灾地块多是种植引自辽宁的品种。

图 5 - 30　干旱致全田空株

图 5 - 31　干旱导致秃尖

图 5 - 32　干旱致籽粒严重败育

三、抗旱措施

旱灾对春玉米、晚春播玉米威胁大于夏玉米。河北西部、北部山区丘陵地上，以及冀东平原、黑龙港流域雨养农田，因旱成灾的概率较大。有条件地区，完善农田水利设施建设，是解决旱灾的根本出路；无灌溉条件地区，应大力推广品种抗旱、农艺抗旱技术以防灾减灾。

（一）品种抗旱

品种间抗旱性有显著差异（图 5 - 33），品种间不同生育阶段抗旱性也有差异。京单28、三北 21、冀玉 3421 就是苗期抗旱性较好的品种，抗旱系数可达 0.85～0.88；冀丰223、郑单 958、浚单 20 苗期抗旱性较差。浚单 20 与郑单 958 相比，后期抗旱性较好，同样栽培条件下秋旱，浚单 20 果穗顶部籽粒败育少于郑单 958；两品种抗旱系数均在0.78 左右（苗期干旱时测得）。

国内玉米自交系 5 大群中（Lancaster、Reid、PN、旅系和黄改）每个群都有抗旱性较好和较差的材料。Lancaster 群中抗旱材料较多，如 PHBIM、PH5AD、PH4CV

图 5 - 33　品种间抗旱性差异

等，旅系丹 340、黄改系昌 7 - 2 抗旱性较差。鉴定种质资源抗旱性的报道很多，但由于研究方法不同（PEG 干旱模拟、田间试验、旱灾胁迫时期及程度），检测性状各异（形态、生理生化指标、抗旱系数与抗旱指数等），鉴定指标尺度把握有别，参试材料遗传背景和数量所限，不少鉴定结果与真实情况大相径庭。如用郑单 958 及部分抗旱性更差的品种一起做鉴定，难免得出郑单 958 抗旱性好的错误结论。科学选择参试材料（特别是CK）、研究方法和检测性状（指标），对试验结果可信度至关重要。

（二）农艺抗旱

1. 保护性耕作　在一年一熟区，冬春季若降水充沛、土壤风蚀不重，可通过冬前耕翻或深松来提高土壤蓄水能力，但干旱地区则应避免秋冬耕翻，同时还应玉米整秆留茬或高留茬（图 5-34）。留茬免耕，既减少冬春季土壤水分蒸发，也防止土壤被风侵蚀（图 5-35）和坡地水土流失；地表覆盖物较多时，春季还会出现地温逆气温现象。试验表明，玉米整秆留茬越冬，春季地表风速降低 24%～71%（平均 50.6%），春播前保墒相当于增雨7.6 毫米；留茬高度 15～30 厘米的，地表风速减小 9%～16%（平均 14.4%），无茬地块风阻仅 2%。干旱地区冬前耕翻过的土壤，春季一般降雨不能保证出苗，且播前造墒的灌水量较免耕高 1～2 倍。多数情况下，春季降雨量很难保障雨后再整地播种的玉米安全出苗，在有限降雨情况下，免耕播种可很好的解决整地失墒问题（图 5-36），还降低机耕费。

图 5-34 整秆留茬

图 5-35 表土风蚀地块

图 5-36 免耕播种

在夏播区，麦收时将麦秸清出田间，玉米苗后再将麦秸还田、覆盖地表，保墒抑草效果明显。据研究，高产麦田秸秆全部还田覆盖，棵间蒸发降低约 30%，减少生育期耗水约 40 米^3，节水占全生育期耗水总量的 10% 左右。但这样做有两个问题，一是费工费时，当小麦低产时，需将其他地块麦秸拿来集中使用，以保证覆盖厚度，不适宜大面积推广；二是还田麦秸会给二点委夜蛾提供良好的栖息环境，导致田间三代二点委夜蛾及其近似种的虫口数量大增。小麦灭茬也提高保墒效果，采用具秸秆粉碎、风力抛洒装置的小麦收割机收麦，玉米播前再机械灭茬一遍（图 5-37），使麦秸密实覆盖地表，与直接铁茬直播、麦秸站秆留茬相比，可使雨季到来前耕层土壤失墒变缓，含水量提高 1～2 个百分点，且

对保证播种质量有益。

图 5-37　麦收与灭茬

2. 保护地栽培（地膜覆盖）　国内自 20 世纪 80 年代开始，聚乙烯农膜大量用于生产，用于地面覆盖的被称为"地膜"。1990 年前后是河北省种植地膜玉米最多的时期，其中平泉面积最大，号称"银装素裹八万亩，疑是银河落平泉"。当时的河北省农业厅成立了"白色革命"办公室，制定了农业"白色革命"计划，通过行政干预和经济手段大力推广了冀北地膜玉米、冀东地膜花生、冀中南地膜棉花、城镇近远郊地膜西瓜与蔬菜项目。

覆膜既有保墒提墒、增温抑草、抵御晚霜冻害、促进土壤微生物活动和有机物料分解、防止径流等生态效应，也有促壮苗早发、加强根系发育及活力、加快地上部生长等生理效应。地膜覆盖可使拔节前 0~10 厘米、10~20 厘米土层日平均温度分别提高 0.4~4.1℃和 0.9~3.4℃。在靠近玉米种植北界或高海拔冷凉地区，利用覆膜争温效应，换种一个生育期长 10 天左右的高产品种，亩增产普遍在 100 千克以上。

地膜覆盖技术发展至今已有了长足进步，覆膜基本实现了机械化，播种、播肥、覆膜与铺设滴灌管道等一体化。在覆膜方式上，既有半干旱地区双垄条带式覆盖，也有干旱地区全膜覆盖（图 5-38）；在新疆，地膜覆盖+膜下滴灌已彻底改变了当地农业生产面貌。在使用材料上，除了普通聚乙烯地膜外，除草地膜、渗水地膜以及环境友好的光解地膜、生物降解地膜和液体地膜都已研发出来。相信在不久的将来，随着降解地膜产品的完善，普通地膜残膜污染问题终将解决。

图 5-38　双垄覆膜（左）与全膜覆盖（右）

3. 抗旱播种　降雨多寡及早晚是决定雨养农区种植结构及玉米能否适期播种的主要因素。过去，在雨养农区为保适期播种，常开沟起垄，人工坐水点播，将浸种催芽后的种子播于沟内潮土中，费工费时。也有催芽2厘米左右，坐水单粒点播，播种时芽尖向上，少量覆土，将芽埋住即可的；该法在春播区称为大芽播种，不仅出苗率高，还提早出苗3～5天，增产10％左右；缺点是除了费工费时外，若品种不抗丝黑穗病，种子又未包衣，将会导致丝黑穗病重发。在播种机上安装水箱（图5-39），坐水机播，既降低劳动强度，亦提高播种效率。

图5-39　坐水播种机（吕洪庆提供）

旱薄地上，不宜大行距种植，行距大（＞60厘米），会增加土壤水分棵间无效蒸发，不利于充分利用在田间均匀分布的土壤水分。在无播种机的年代，河北张承地区春玉米播种行距一般为40厘米。

育苗移栽也能解决旱地保苗问题，制约其推广的主要原因是机械化定植技术有待完善。玉米是移栽成活率很高的作物，即便不带土移栽，只要苗龄适宜，起苗、运输、定植时注意不损伤地中茎，每株浇水0.5千克左右，就可保成活率。玉米苗期，地中茎脆嫩，表皮易折裂（图5-40），而水分养分的吸收又主要依靠初生根，不带土移栽，地中茎受伤后就不易栽活或缓苗期较长，缓苗期长的个体常形成空株或小穗株。移栽玉米应在定植前15～25天育苗（具体根据当地常年育苗期间气温而定，温度高，育苗期缩短），移栽苗龄以2叶1心至3叶1心为宜。苗龄越小，成活率越高；5叶龄以上移栽，缓苗期延长，成活率降低。育苗床土按腐熟

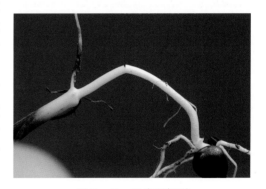

图5-40　地中茎折裂

有机肥、肥沃园田土和细沙土各1/3混配。育苗时，播种深度控制在2～3厘米，播深了会使地中茎伸长，移栽时易折裂。育苗期间，育苗池（棚）内午间温度＞30℃时，注意通风降温；定植前3天，全天炼苗。定植时注意天气预报，选择"暖头寒尾"定植，未来3天有霜冻时勿栽；午后定植成活率高于上午。定植时，覆土不得按压，防止损伤地中茎；待浇水、水渗后，用细干土封垵，防止以后苗周围土壤干裂。营养钵或营养块育苗、带土移栽，尽管缓苗期短、成活率高，但工作量大。在冷凉地区，利用育苗移栽争温及矮化株高的作用，可换种生育期长10天左右的高产品种，增加种植密度500～800株/亩，增产＞75千克/亩。

4. 抗旱施肥与合理密植　增施有机肥和化肥，尤其是钾肥，以肥代水，能减轻旱地水分胁迫对玉米生长的抑制作用；亩施10～15千克以色列化工集团的含钾中量元素肥料

MegaPoly（盖聚美），促根、抗旱效果显著。在基肥中掺入保水剂（如交联聚丙烯酰胺0.75千克/亩），可降低旱灾损失33％左右。采用缓/控释肥一次基施免追肥技术，可省去追肥时灌水，是很好的节水措施。喷施含黄腐酸（FA）的叶面肥，可抑制蒸腾，降低耗水量。

旱薄地上不宜种植中小穗型耐密品种，通过密植获取高产，种植适宜密度为4 000株/亩以下的大穗型品种即可。叶面积指数与种植密度呈正比，叶面积指数过高会显著增加群体蒸腾耗水，对抗旱不利（图5-41）。

图5-41 不同密度群体耐旱性比较（迪卡159，4 500株/亩与8 000株/亩）

第三节 涝灾渍害

一、涝灾渍害易发时期及地域

我国大部分地区属大陆性季风气候，涝灾渍害的时空分布与降雨关系密切，有明显的地域性和时间性。时间上，南方地区一年中出现灾害的日期早于北方（2—3月就可能发生），有灾的时间段长（东南沿海地区11月、12月都有可能发生），春、夏、秋、冬玉米都可能受灾。北方地区降雨大部分集中在6—9月，其中7月、8月、9月3个月降雨量可占到全年降雨量的70％以上，7月中旬至8月底易发灾害。地理位置上，东部地区从南至北出现涝灾渍害的概率显著高于西部，东、南海沿海诸省发生概率最高；江河流域中下游地区易受灾，山前平原、低平原和山区洼地易受灾；地势低洼的传统泄洪区、河漫滩农田（图5-42）、山区沟侧农田都是受灾频率高的地方。另外，北部涝洼地上春玉米苗期因土壤返浆，可能遭受短期渍害。融雪洪水、冰凌洪水和溃坝决堤洪水（非当地降水引起）也可造成灾害，后者可危害玉米（图5-43）。20世纪80年代以来，在河北低平原区，因建房修路，大量自然形成的小河道及人工开挖的排洪支渠被阻断，农田排水沟基本被土地承包者填平，20世纪80年代前修建的排水泵站也多已损毁，加大了遇涝成灾概率。

图 5-42 涝灾后的河漫滩　　　　　图 5-43 决堤冲毁农田

二、洪灾、涝灾及渍害特征

　　洪涝灾害有 3 种类型。一是洪灾，短时间内降大到暴雨，形成地表径流，过水处在水的强力冲击下，轻者导致作物倒伏，重者表土及生长植被被水冲走、冲毁（图 5-44），或大水携来泥沙、砾石将耕地与作物淹埋；二是涝灾，降雨后，积水不能及时排出，作物长时间浸泡在水中而受害（图 5-45）；三是渍害，一段时间内连阴雨，使土壤含水量长期处于饱和状态（相对含水量 90% 以上），造成土壤通气性不良，并引发出一系列对作物有害的土壤物理、化学变化及作物生理与病理变化而导致减产。

图 5-44 洪水冲毁田

图 5-45 涝灾玉米田

洪灾对耕地的冲蚀、对作物的危害常是致命的，多需毁种，仅引发倒伏时除外；而发生涝灾、渍害后及时采取有效应对措施，一般不至于绝收。玉米不同生育时期抵御涝灾能力不同，苗期是典型的耐旱怕涝阶段，中后期抗旱力减弱，耐涝力提高。涝灾、渍害发生越早、危害越重，淹水时间越长、环境温度越高，危害越重，淹水愈深、危害也愈大。种子萌发后淹水 4 天，减产 20％以上；3 叶期、拔节期、雌穗小花分化期（大喇叭口期）淹水 3 天，单株产量可分别降低 13％、16％和 7.9％；玉米苗淹没 4 天就可导致植株死亡，抽雄期淹水 5 天后也会出现整株死亡现象。中后期发生涝灾，玉米如果长时间浸泡在水中，也可导致植株枯死（图 5-46）。

图 5-46　长时间积水致玉米死亡

三、解决对策

因洪灾倒伏的玉米，水退后需及时拉出埋于泥中的叶片（图 5-47），不必扶正植株，防止将茎秆掰断；依靠背地生长习性，植株可恢复或部分恢复直立生长，并获得一定产量。水毁农田，要及时排水复耕，根据农时毁种适宜作物。冀中南地区毁种谷子、绿豆等早熟杂粮的截止时间是 7 月 20 日，7 月 20 日以后最好毁种蔬菜。如果计划秋季种植冬小麦，可毁种菠菜、香菜、茴香等对生育期要求不严的叶菜类蔬菜；如果不再种植冬麦，可毁种萝卜、大白菜等。

图 5-47　人工处理洪灾倒伏玉米（董志水提供）

涝灾发生后要在 5 天内及时排除田间积水，防止将玉米泡死，退水初期亩追施尿素 10～15 千克及硫酸锌 1～2 千克，锌肥在缓解涝灾渍害方面有显著作用。表土不黏后，应及时中耕锄划，破除土壤板结，提高土壤通透性。易出现渍害地块，最好垄作，并在地头开挖排水沟与垄沟相通；常年渍害严重地块还可台田种植。

第四节　雹　灾

一、雹灾易发时期及地域

雹是在对流性天气控制下，积雨云中水汽凝结成冰块从空中降落的现象，具有地方性强、季节性明显和持续时间短暂的特点。有强对流天气形成的季节才可能形成雹灾。中国是雹灾较多的国家，2—10月都可能发生雹灾。2015年2月24日，海口市灵山镇就曾降雹。长江以南广大地区为春雹区，每年3—5月降雹最多。2018年3月4日，江西省赣州市上犹县和大余县，广西壮族自治区贺州市钟山县，江苏省苏州市东山景区，广东省清远市连州市、韶关市仁化县，海南省海口市等地先后降雹。长江以北、淮河流域、四川盆地及南疆地区，每年4—7月降雹最多，为春夏雹区。青海、黄河流域及以北地区，以6—10月降雹最多，为夏雹区；夏雹区是降雹日最多、雹期最长、农业受雹灾危害最大的区域。东北东部和四川西北部每年雹日出现最多的时间在5—6月与9—10月，为双峰型雹区。

雹灾有明显的地域性，分布特点是山区多于平原、内陆多于沿海、中纬度地区多于高纬度和低纬度地区，青藏高原及祁连山区是地理上雹日最多、范围最广的区域。从青藏高原雹区往东可分为两个多雹带，南多雹带包括重庆、云南、贵州、广西、四川、安徽、江西、江苏、湖南、湖北等地区，北方多雹带包括内蒙古、辽宁、吉林、黑龙江、河北、山东、河南、山西、陕西等地区。

河北有纪录的最早雹灾发生于农历三月，如1605年的成安、1803年的永年和1870年的卢龙；晚发时间可迟至9月中旬。河北平均7~8年就会遭受一次较大雹灾，5—7月出现雹灾的概率合计近70％，6月为峰值期，出现概率约25％。冀西北的宣化、蔚县，冀东北的平泉、隆化、卢龙、固安，保定的满城、安国、徐水，石家庄的鹿泉、赞皇、元氏、平山、井陉、深泽、赵县、藁城、无极、正定、栾城和辛集，邢台的宁晋、柏乡、新河和巨鹿，沧州的孟村、黄骅、河间、献县和泊头，衡水的安平、深州与冀州，冀南地区的永年、成安、魏县、鸡泽、广平、曲周等均易发雹灾。

二、雹灾特征及危害

单次雹灾危害范围通常较小，即所谓的"雹砸一条线"。灾害中心区可能受灾严重，中心区之外往往无大碍，灾区边界较明显。雹灾对玉米的影响主要是机械损伤，生育前、中期，轻者将叶片砸裂或砸碎，影响光合作用，将心叶砸弯折后会使以后生出的叶片展开不畅及抽穗困难（图5-48），重者将幼苗砸没于土中或将茎秆砸断（图5-49），如此植株自然失去了价值。后期除可损伤叶片、伤及茎秆外，还会砸伤果穗及正在发育的籽粒，受伤粒、穗易霉变，进一步加大损失；严重雹灾甚至可将叶片、果穗全部砸落，只剩茎秆，造成绝收。雹灾往往伴有暴风雨，会加重雹灾造成的机械损伤。

冰雹破坏程度与雹粒大小、降雹多少（降雹持续时间）有关。轻雹灾：雹粒大小如大

图 5 - 48　前中期轻度雹灾

图 5 - 49　前中期重度雹灾

豆、花生仁，直径约 0.5 厘米；降雹时有的点片几粒，有的盖满地面，玉米叶片被击穿或砸成细条状（图 5 - 50），但通常不会将叶片中脉砸断，对产量影响较小。中雹灾：冰雹大小如杏、核桃或枣，直径 1～3 厘米，玉米叶片被砸破砸落，部分茎秆折断，可减产10%～30%。重雹灾：雹块大小如鸡蛋、拳头，直径 3 厘米以上，平地积雹有时可厚达15 厘米，玉米受灾后茎秆大部或全部折断，减产一般在 50% 以上，甚至绝收。

图 5 - 50　雹径较小的雹灾

玉米生育阶段不同，因雹灾造成的损失程度有差异。苗后3叶期以前遇较大雹灾，此时由于幼苗脆嫩，玉米往往受伤较重，但可以通过毁种来挽回大部分损失。拔节前遇雹灾，此时玉米生长点包裹在叶片中，无茎，通常冰雹只能伤其叶、鞘，难伤接近地表的生长点，多对产量影响较小，一般无须毁种，除非降雹大而多，将苗砸平。拔节至抽雄期间遇雹灾，轻则使叶片破损，或砸破、砸烂较为幼嫩的心叶，但危害到顶端生长点、茎秆和发育初期雌穗的较少；重则砸断茎秆（图5-51），断秆严重地块减产可达60%。抽雄后至乳熟前期的重雹灾，如果既砸破、砸断茎秆，也砸破、砸落果穗，则对产量有较大影响，减产幅度与砸断茎秆和砸落雌穗的株数成正比。

图5-51　喇叭口期雹灾

三、解决对策

　　发生雹灾后，要慎毁种。苗期、穗期受灾的，只要生长点及茎秆未被破坏，通常灾后均能恢复生长，不必毁种；如果破损叶片影响了新叶长出，可人工挑开。玉米抽雄及以后抗灾能力减弱，灾后恢复力差。后期遇灾后，穗位以下的茎秆被砸断或雌穗被砸掉的植株比例很大时，建议收售青贮；穗位以下茎秆和果穗多完好时，可保留；但应喷施杀菌剂防治穗腐病、粒腐病等。

　　要充分发挥各地气象部门人工影响天气办公室职能，当预测有雹灾后，做好火箭防雹、高炮防雹等工作，力争将灾害降到最低。

第五节　低温冷害

一、低温冷害易发时期及区域

　　春玉米、秋玉米和冬玉米都可能遇低温冷害，严重的低温冷害则是气温降至0℃以下的霜冻。在北方春播区，有两个时段可能受灾，一是出苗后的晚霜冻，通常发生在5月中旬；二是秋季初霜冻，较早的初霜冻害多发生在9月上中旬，8月下旬发生的罕见。2012年8月22日的初霜冻就对内蒙古及河北北部部分玉米造成了较大影响。在冀鲁豫两熟区，4月上中旬是成灾晚霜冻集中发生时段，易对各种大田作物及果蔬造成危害，3月下旬播种的玉米有可能受灾，频率为5～7年1次。

1949年后，河北夏播区最晚的晚霜冻发生于1976年5月4日；2013年4月19日，石家庄市及周边一些地方白天降中到大雪，降雪之晚历史罕见，好在傍晚降雪终止，并未对大田作物造成严重冻害（图5-52）；2018年4月3—7日，河北、河南遇晚霜冻害，部分早播玉米被冻死，河北南部、河南北部部分小麦受灾严重。2020年4月21—24日，河北中部凌晨出现晚霜冻害，一些地方最低气温−5℃，部分果树和地膜玉米、油葵、马铃薯、甘薯、瓜菜以及播期晚、群体小的冬小麦严重受灾。在南方，秋玉米生长后期可能遇低温冷害。西南地区年初可能发生冻雨，并持续长时间低温，冻雨及早春低温会对冬玉米有影响。

图5-52　石家庄2013年4月19日降雪

二、低温冷害特征及危害

北方晚霜冻或早至的初霜冻，多为平流霜冻或平流辐射混合型霜冻，因强冷空气过境引起，晚上持续时间不过数小时。正常播种的春玉米出苗后，受晚霜冻危害轻的叶片会呈现紫红色，似缺磷（图5-53），重的可导致叶枯和部分死苗（图5-54），但严重死苗通常发生在地势低洼处。移栽玉米容易出现严重死苗，直播玉米或许仅冻死外露的叶片，只要心叶、生长锥未死，就不会死苗，这种情况对产量影响较小。春玉米区初霜早至危害大于晚霜冻害，也难以应对，尤其是8月下旬至9月上旬的初霜冻，对正值灌浆乳熟期的玉米影响很大。初霜冻危害主要有3种类型，一是全田植株被冻死，群体小、植株长势弱的地块容易发生；二是地块外围植株

图5-53　晚霜导致红苗

和冠层上部叶片冻死干枯（图5-55），光合能力降低，当种植密度较大时会发生这种情况；三是提早降温、灌浆变缓，当气温降至16℃以下玉米就会停止灌浆。初霜早至对产量的影响由发生早晚、低温持续时间和程度决定，出现越早、持续时间越长、温度越低，危害越重。

图 5-54 晚霜冻导致叶枯与死苗

图 5-55 初霜冻害将冠层上部叶片冻死

三、解决对策

参考当地气候特点，选生育期适宜的品种适期播种，规避低温冷害。移栽玉米定植期要选在"暖头寒尾"；涝洼地应垄作栽培，种子播于垄上（图 5-56）。地膜覆盖栽培，放苗时间要掌握在霜冻基本结束之后，放苗后应随手用土封住放苗孔。土封放苗孔的作用：一是防大风刮烂地膜；二是充分发挥地膜增温保墒作用；三是发挥地膜抑草作用；四是使埋于土中的组织不易被冻死（图 5-57）。生长期间预报有霜冻时，可有组织地采取点火放烟的办法抵御危害。发生晚霜冻害后，只要植株下部未被冻死，就不必毁种，当冻死

图 5-56 垄作栽培

叶片影响新叶长出时，及时摘除干死叶，同时加强水肥管理。生育后期初霜冻发生后，若仅植株上部部分组织冻死，可将冻死部分用镰刀削去，使穗位叶等成活叶片能够较好地接受光照；无生长必要的收售青贮玉米。

图 5-57 土封放苗孔的地膜玉米霜冻后长相

在春播区隔段时间就有人翻出玉米垄作改平作、平作改垄作的问题。至于哪种方式好，要看地块，不能一概而论。地势较高的坡岗地或返浆不重的地块，垄作虽能提高早春耕层土温，但也加速失墒，不宜或无必要垄作；地势较低、春季返浆重或土壤湿黏地块，垄作可有效抵御播后返浆渍害、晚霜冻害，并提高土温，保障适期播种和幼苗生长。

第六章 玉米规模化生产问题及应对

自党的十七届三中全会提出有条件的地方可以发展专业大户、家庭农场、农民专业合作社等规模经营主体及 2013 年中央 1 号文件明确提出创新农业生产经营体制、发展多种形式的适度规模经营以来，从事粮食生产的专业大户、家庭农场与合作社如雨后春笋般涌现。纵观这些新型农业经营主体生产经营情况，虽成功者不少，但不乏失败者。分析失败的原因，除了少数盲目贪大、忽视市场风险等外，大部分还是没有在经营理念和技术使用上完成从传统农民向新型农业经营主体的转型，不仅缺乏经营意识、先进的农技知识、现代化的生产手段，技术落实也常不到位，多数都面临着从业素质不适应产业需求、生产手段不适应生产规模、以土地流转费为主的生产成本与收益不成比例等问题。作为新型农业经营主体，必须要认识到自己与传统农民有什么不同，并且有针对性地建立有别于传统农民的经营理念与生产技术体系，如此才能从经营中获益而不走弯路。

第一节 规模化经营理念

一、新型农业经营主体与传统农民的区别

新型农业经营主体与传统农民相比，不仅是土地经营规模有别，伴随着规模扩大，也带来了生产成本提高、单位面积耕地纯收益降低、经营风险加大，以及对经营能力、组织管理能力、技术应对能力、动手操作能力等从业素质要求更高等问题。

（一）经营目的区别

新型农业经营主体基本上把土地经营、粮食生产作为经济收入的主要来源，其根本目的是获利。传统农民在人均耕地普遍为 1～2 亩的情况下从事粮食生产，每年每亩 1 000～3 000 元的纯利润是不足以维持一个人正常生活的，土地经营事实上已为他们的副业。既然新型农业经营主体经营目的是挣钱，那在生产活动中就必须以"高效"为核心。这里要强调的是，高效虽离不开高产，但两者并非完全统一，最高产量与经济产量是不同概念，盲目、不科学、不现实地追求高产，往往适得其反。

（二）生产成本的区别

新型农业经营主体与传统农民相比，生产成本一个高、一个低，差异巨大。新型农业经营主体多以租赁方式获取土地经营权，且生产规模扩大后，还会发生用工及固定资产购置等费用，使得生产成本基本增加 1 倍以上，而传统农民通常不需要这些费用。起初河北平原区部分粮田年土地流转费高达 800～1 200 元/亩，甚至 1 500 元/亩，是传统农民种粮年纯利的 80%～90%甚至更高。用如此高价获取土地经营权，企图通过国家补贴获利，经营必然失败。

（三）承受经营风险能力的区别

种植业是个收益受自然因素左右、波动较大的产业，没有一定的利润空间，很难保证在经营中持续获利。规模化经营由于土地流转费、用工费等的发生，利润空间被大大压缩，由此带来了一个最严重的问题——规模化经营者承受经营风险的能力远低于传统农民。一旦产品价格走低或因天灾人祸而减产，往往意味着亏本，甚至举债或破产。因此，新型农业经营主体在生产经营上，必须"稳"字当头，除了要杜绝不理智地参与土地流转竞标，防范盲目扩大规模以及不合理地确定种植制度、种植结构、生产投入等经营决策面风险和市场风险外，更要在生产中注意规避品种特性风险、农资质量风险、气象灾害风险、有害生物危害风险、技术操作风险、伪科学和"秀技术"风险，以及种子发芽率入市指标偏低等政策管理面风险，才不至于使生产经营陷于窘境。

1. 品种特性风险 品种特性风险来自种植品种抗逆性、适应性不一定与当地生产环境、种植习惯等相适应。要做到品种缺陷不能与当地常发自然灾害、病虫害相重叠。当前一些种子企业不负责任地跨区销售，无视品种区域优势布局，是引发该类风险的主要原因。典型事例是夏播区审定品种售至春播区，在没有使用杀菌剂进行种子处理的情况下，会高发丝黑穗病。掖单4与冀玉9未包衣种子分别在承德平泉和张家口怀来直接播种，丝黑穗病发病率可达9％～26％。春播区审定品种售往夏播区种植，可能因耐密性差、不抗高温而发生严重倒伏或结实不良。

2. 农资质量风险 国内农资市场比较混乱，每年都有因农资质量问题所导致的事故。尽管制售假冒伪劣农资被广大农民所痛恨，但相当一部分人购买农资时还是被价格左右。这里需要强调的是，在农资使用上，一定要选购质量信誉好的品牌，没把握的农资勿购或做好质量复检，把农资质量引发的事故控制到田间之外。要认识到，一些制假售假者没有赔偿能力，因假冒伪劣农资造成了损失，使用者虽可以追究制售者的法律责任，但经济损失还多需自己承担。河南曾发生过一制售蒜田假除草剂案件，造成5 000多亩地受害，售假者无力赔偿，被判无期徒刑。

3. 技术操作风险 技术操作事故是最不应该出现的，但近年来"肥烧籽"、除草剂药害、杂草失控、种植密度过大致严重倒伏等情况总是层出不穷。新型农业经营主体一定要加强从业素质的自我培养，严格按技术要求操作，杜绝该类事故发生。另外还需注意，任何一项技术都有使用条件和适用范围，如旱作农田采用深松播种机播种就需慎重。

4. 气象灾害风险 我国是气象灾害多发国家，玉米不仅生育前期及后期易遇阶段性干旱，中后期还常遇风灾、涝灾、高温、霜冻等。新型农业经营主体不仅要加强农田基础设施建设，完善防灾减灾的硬件条件，还应认真做好农艺方面的抗逆减灾工作，防患于未然。

5. 有害生物危害风险 玉米生长期间雨热同期，会受到诸多有害生物危害，国内每年因病虫草害造成的产量损失在5％以上。据统计，我国玉米上发生的病害有30余种、虫害有250余种、杂草有百余种，其中发生频率高、危害严重的病虫害有20余种，各地恶性杂草也普遍在10种以上。近年来，受主栽品种遗传背景狭窄、种植制度单一、耕作轻简化、高毒农药禁用以及外来有害物种入侵等影响，不仅没有一个有害物种被消灭，相反，新的植保问题不断出现，如疯顶病、二点委夜蛾、草地贪夜蛾、麦根蝽、黄顶菊危害等。当前植保方面主要存在三个问题，一是对突发的或新的病虫草害防治不能及时到位；二是防治效果不理想，这既有农药质量和药效问题，也有防治方法、技术细节把握、设备技术含量及有害生物抗药性变化等问题；三是轻防重治。

6. 伪科学和"秀技术"风险 伪科学指打着增产技术幌子，实际用之却导致减产或增加生产风险的所谓"技术"，近年来的典型代表如"一穴多株技术"和"苗期剪叶技术"（图6-1）。炒作伪科学者无非是想通过捆绑销售农机、农资获利罢了。"秀技术"指那些仅能在小面积试验地上耕耘、不计物化与用工成本、经不起投入产出比检验、大面积生产根本行不通的所谓技术；或不综合考虑问题，看似理论可行，生产中却受其他因素左右，难以达到预期效果或目的的东

图6-1 剪叶试验

西。这些伪科学、"秀技术"不仅可导致生产成本增加、得不偿失，还可能耽搁正确措施的运用，带来生产事故。

7. 政策管理面风险 当前，我国农业无论技术还是经营方式都发展很快，一些原有的管理体制、政策法规、技术标准已不适应当前形势，如种子许可销售的发芽率指标偏低、不适宜精播等。以品种审定制度为例，农民朋友要清楚地认识到它是一把双刃剑，一方面它是新品种进入生产的把关环节，另一方面它也常被育种者、种子生产经营者用来作挡箭牌和保护伞。凡通过审定的品种，因品种潜在缺陷所导致的生产事故，育种者、种子生产经营者乃至品种审定部门都不愿承担责任，损失也多由种子使用者自己承担。如2012年中单909在河北大面积茎折，2014年登海605在河北藁城大面积茎腐，2016年国审品种豫单606在河北、河南严重穗腐，以及2016—2018年京单38、邦玉339、登海618、鲁单1108等众多品种在黄淮海夏播区出现高温不实及果穗畸形问题等。审定品种因潜在缺陷导致的事故，尚没有涉农法律法规明确责任归属，维权难。2015年修订的《中华人民共和国种子法》（以下简称《种子法》）中的"三放"政策使得审定品种数量大幅增长，无疑增加了这种风险。

（四）经营管理的区别

规模化生产，单位耕地面积的利润空间有限，在经营管理上必须要权衡投入产出、得失问题，把经营理念贯穿生产全过程，做好产前决策（选择科学的种植结构、技术方案等）、保证产中高效（合理安排各项费用支出）、发展产后市场（发展产品深加工等，增加收入），要以经济效益最大化作为评价经营决策和生产技术体系是否合理的指标。传统农民生产通常不计算成本（尤其是人工费），大水大肥，只要庄稼长得好，就心满意足。

国内外关于规模化农场经营管理少有研究，一些涉及相关内容的资料也仅是借鉴工商管理常识。多数新型农业经营主体生产活动现状是顺其自然，甚至想当然，以至于常常种植结构决策失误、产品滞销、物化投入不合理、实施技术不科学、落实技术不到位、农作

管理失败、资产利用率低、发生生产事故等。新型农业经营主体由小规模向大规模发展，由农民、实干家向企业家转型，关键是要懂经营、会管理。由于每个经营主体的组织形式、经营规模、经营方式、利润着眼点、劳动力情况、资金状况、市场环境、生产条件、生产手段乃至人格魅力等不同，经营管理的模式也会不同，但无论怎样，每个新型农业经营主体都应该规划出适合自己的经营管理方略，至少要因地制宜地制订出一套生产技术全程方案来约束生产活动。

不少种粮大户和家庭农场辛苦一年，只有一本流水账，仅凭流水账是难以分析出生产经营中得失之处的。只有细分科目的账本，才能从中得出相关信息，并依此来指导之后的生产经营活动。合作式农场较种粮大户面临的问题更复杂，不仅要建立起经营管理体系，还要有组织管理体系、财务核算体系等，明确合伙人的责任、服务量、损益分配、共有财产等。

（五）农作管理的区别

规模化经营，采取农作措施要有计划、有目的。构建生产技术体系、选择生产方式与手段、使用农资等均应力争控制用工、简化作业环节，同时要保证措施及时落实到位。规模化生产受经营规模和用工成本的影响，对现代化的农机、农艺、农化及灌溉技术等都有着迫切的需求，以便提高劳动效率。当然，在追求劳动效率的同时，也意味着规模化生产田间管理的精细程度可能不及传统农民，田间管理精细度的降低通常会导致单产低于传统农民。不考虑生产成本和生产风险，片面追求高产是不明智的，那些在高产潜力探索中所形成的经验，许多就不适用于规模化生产。传统农民在农作管理上惯性与盲从特点明显，往年怎么干，今年还怎么干，别人怎么干，他也怎么干；对现代化农业设备及技术需求也不十分迫切，不能使用播种机可以人工点播，没有除草剂可以人工拔锄。主要依靠人工完成田间作业，精耕细作，不考虑人工投入，是中国传统农业的显著特点。

（六）从业素质的区别

新型农业经营主体从业素质要求高、综合技能要全面。种粮大户，尤其是经营规模不大的，通常要求集经营管理者、劳动生产者为一身，即要懂经营、懂技术，还要吃苦耐劳、动手能力强，并且具备一定的政策解读能力、创业发展能力、信息运用能力、知识学习能力和社会活动能力。实践证明，一些企业化农场和合作社，雇经理做管理，雇技术员负责日常技术，雇机手做农机保养、维修及操作，是很难获利的。传统农民只要坚持勤劳的本色，那么土地就会给他以较好回报。

深入了解有关农业及规模化生产的法律法规、优惠政策是种粮大户必须具备的素质之一。种粮大户要善于利用产业优惠政策来降低生产成本，改善生产条件，又应懂得怎样维护自己的合法权益。例如，当出现了因农资质量、品种缺陷等引发的事故后，该知道如何启动证据固定、因果关系及损失鉴定、诉讼维权等程序。通常，制售假冒伪劣农资，制假售假达到 5 万元、损失达到 2 万元的，就可以申请立为刑事案件。立为刑事案件，在证据确凿情况下（通常需有农业司法鉴定机构等出具的鉴定意见），维权便捷而迅速；以民事案件来处理，维权则是件较为劳神的事情。

二、新型农业经营主体经营与技术理念

从以上分析可以看出，要做一个合格的新型农业经营主体，必须强化从业素质的自我培养，树立起有别于传统农民的经营与技术理念，生产中尽可能利用现代化的农机、农化、灌溉及农艺技术等组成的轻简栽培技术体系进行生产，紧紧围绕"简化高效、安全生产"八字方针，科学决策投入与产出，严防生产事故，控制生产风险；理智地进行土地流转，把握好经营规模，最大限度地减少用工等成本，如此才能实现经营利润最大化。

经营规模不是越大越好。根据国外成功经验和国内现实情况预计，今后相当长时间我国农业规模化经营实体是以种粮大户或家庭农场为主（美国的家庭经营占 86％，欧盟占 88％）、合作式农场和公司农场为辅的格局。就种粮大户或家庭农场而言，经营能力是有限的。合理决策经营规模应从两方面考虑：第一，保证土地经营收益不低于或略高于从事其他行业，收益满足基本生活需求并有一定盈余。假如当地从事其他行业每年家庭收入（或保障生活需要）6 万元，每年每亩扣除各项开支后纯利润 200 元，则经营规模应达到 300 亩，依此来确定经营规模的下限。第二，根据家庭劳动力情况、劳动手段、经营管理能力、资金及社会化服务情况等所能承受的极限、量力而行地决策经营规模上限，做到少雇工，农作管理能及时到位，不高息集资。目前多数专家建议，大部分种粮大户或家庭农场规模以 300～500 亩为宜（这个数不是一成不变的）。盲目扩大规模往往会因管理不到位、用工成本难以控制或资金不足等问题而导致经营失败。

第二节　成本控制

高产对获利固然重要，但高产是有限度的，不同历史阶段概念（高产水平）也不同。企图通过快速大幅度提高产量来消化因土地流转费和用工费等所带来的高额生产成本不现实。事实上，由于经营规模的扩大，精耕细作程度的降低，在生产条件较好的传统高产区，规模化生产单产往往不及传统农民。可见，新型农业经营主体规模化生产获利的关键在于控制成本，而非高产。技术、机具、材料是规模化生产的三要素，对种植业而言，前两者尤为重要。不采纳适宜技术和现代化生产手段，不能有效地控制土地流转费、用工费及物化成本，不能实现简化高效生产，很难获利。

一、控制土地流转费

在国内现行土地制度下，依靠土地流转进行规模化生产，土地流转费是压在多数新型农业经营主体身上、令其举步维艰的巨石。规避高额土地流转费所带来的经营风险的最佳方式是土地作价入股，但受"既得利益"思想影响，用此方式实现规模化生产，让原土地承包者共担经营风险不太现实。在没有切实可行政策干预和对股份制合作社（农场）像对入市企业那样实施监管的情况下，我国土地流转将会长期以租赁或转包方式为主。可否减免使生产成本基本增加一倍的土地流转费，就成了大部分新型农业经营主体经营能否成功的最关键一环。以目前单位面积耕地种粮产值及耕管物化成本而言，土地流转费每亩必须

控制在 800 元/年以下。盲目跟风式地从事规模化生产，每亩支出超过千元的土地流转费，并且企图以规模化经营之名套取国家补贴来生存，是不理智的行为。

推行土地流转、规模化生产伊始，希望通过国家补贴冲抵生产成本并获利者大有人在，以至于土地流转费在部分地方高得离谱。现在，仍有部分人不认真学习经营管理、生产技术，不谋划创业发展，把主要精力放在如何获取补贴上。虽然不少经营主体通过补贴获益，但过度依赖补贴，经营不会持久。

二、控制用工费

尽管劳动力单位时间所需劳动报酬在一定时期内相对稳定，但上涨是不可逆的，农工也不例外。目前，用半机械化（仅机械化播种）传统生产方式种植玉米，计算全部用工的话，每季人工开支需在 250 元/亩以上，这无论与亩产值相比，还是与物化成本相比，都是笔不小的费用。要认识到，种植粮食作物，每亩新增百元产值是困难的，但多投入百元工钱，也就一念之差。

完善灌溉设施建设，利用好耕作及植保社会化服务，生产实现全程机械化、自动化，并尽可能减少农作环节及产后加工处理等环节，技术落实一步到位，这些都是控制用工成本的关键。如今精量播种、穗收已实现了机械化，但因缺乏先进的高地隙农作机械和自动灌溉设施，玉米生长期间一些管理仍有赖于人工。黄淮海夏播区不少地方因品种生育期长，机械化粒收也难以实施。

用工不是简单的雇佣关系，如何利用好用工费，也是门学问。用工费支出是否合理，要看概算利润。那些产值高、大量依赖人工才能完成生产的作物，多不适合规模化种植。曾有一合作社流转 3 000 亩地种辣椒，一年亏损 2 400 万元。

三、控制农资购置费

种粮大户应选择质量信誉好的农资企业或高级经销商，构建起相对稳定的农资直购渠道，这既是防范农资质量风险的需要，也是降低物化成本的需要。当前通过村级农资零售商购得的农资，整个流通环节发生的费用一般要占到零售价的 20%～30%、甚至更高，对于规模化生产而言，这是笔不小的可节开支。规模化生产的发展，为简化农资流通环节创造了条件，对农资生产企业和粮农而言，均是利好之事。

四、优化物化成本投入

（一）物化成本优化途径

生产过程物化成本主要来自两个方面，一是购买种子、农药、化肥、农膜等农资开支；二是整地、播种、施药、灌溉、收获、脱粒等农作开支。显然，控制物化成本投入也有两条途径，一是尽量采用少免耕技术和复式作业技术，简化农作环节，如免耕种肥同播、精量播种免定苗、缓/控释肥一次基施免追肥及追肥浇水、一喷综防、直接粒收等均是减少作业环节及开支的单项技术；二是优化农资投入量，在农资投入上要懂得报酬递减率，要认识到大水大肥不一定高产、更不一定高效，如盲目增施氮、磷肥，不单增加成本，也可能带来茎腐病高发与倒伏等问题而减产。每个区域甚至每个地块都有各自的最佳投入产出模式，要借助当地农技部门、科研部门力量，以经济效益是否最大化作为评价投入产出是否合理的指标，努力探索出一套适合当地生产的高效技术体系。这一体系应纳入节水灌溉、平衡施肥、水肥药一体化、一喷综防等技术。

在植保上应坚持"以防为主、农化结合（农艺防治与化学防治相结合）、减次高效"的原则防治病虫草害，防治时间上力争做到"能拌种的不打药、能播前的不播后、能苗前的不苗后"。在农药选择上，尽量选择低毒高效产品，哪怕价格高些，能施药一遍解决问题的不做两次，在质优高价农药与低效廉价农药（需多次施用、徒增劳作费用）间无须权衡。

充分利用植保社会化服务，既益于减免设备购置费、操作使用费和农药费用，也利于适时高效地达到植保目的。

（二）用肥料效应函数法创建优化施肥模式

玉米传统施肥，肥料开支占总物化成本的 $1/3 \sim 1/2$。显然，优化施肥模式对降低物化成本有重要作用。肥料效应函数法可以将施肥效应与施肥成本有机结合起来，是计算优化施肥方案较精准的方法。肥料效应函数有线性、非线性及曲线（或直线）加平台型等多种，有一元函数，也有多元函数。在土壤肥力低、施肥量少、作物产量不高时，施肥对产量的影响是简单的加性效应，施肥与产量呈线性关系；在中高肥力土壤上，施肥与产量关系是非线性的。常年耕种、熟化程度较高的耕地一般都适用如下多元二次函数模型。

$$y(x_1,\cdots,x_n) = y_0 + \sum_{i=1}^{n} a_i x_i + \sum_{i<j}^{n(n-1)/2} a_{ij} x_i x_j + \sum_{i=1}^{n} a_{ii} x_i^2$$

即施肥量与产量呈"抛物线"关系。式中，$y(x_1,\cdots,x_n)$ 为施用 n 种肥料时产量，n 为肥料种类数，a 为模型参数，y_0 为不施肥空白产量，x_i、x_j 为不同肥料施用量。

肥料效应函数法的优点是能客观反映肥料因素的单一和综合效果，且精度较高。它不仅可用来求解高产施肥方案，同时也可求解最大经济收益时的优化施肥方案，添加资金、环保等对施肥量的约束条件，又可得出在各种限制条件下的优化方案，实用性强。缺点一是有地区局限性，取得效应函数需在不同地块上布置多点试验，积累不同年度资料，历时较长；二是直接由函数解析的高产施肥方案几何意义为函数极值驻点，驻点施肥量以下有一区间内肥料边际效应虽为正值，但已降得很低，按此区间内的方案（含驻点）施肥多得不偿失，解决问题的方法是得到肥料效应函数后再引入产品单价和肥料单价参数，以产值减去肥料成本建模，得到施肥效益函数，然后求经济效益最大化时的施肥方案。

$$RP(x_1,\cdots,x_n) = P_G\left[y_0 + \sum_{i=1}^{n} a_i x_i + \sum_{i<j}^{n(n-1)/2} a_{ij} x_i x_j + \sum_{i=1}^{n} a_{ii} x_i^2\right] - \sum_{i=1}^{n} P_i x_i$$

式中，$RP(x_1,\cdots,x_n)$ 为单位面积上肥料投入产出净利润，P_G 为产品预估单价，P_i 为某肥料单价。

用计算机普遍安装的 Excel（2007 或之前版本）的规划求解功能可完成建模（对施肥效益函数回归）和解优化施肥方案（解函数最大值）计算，无须使用专业统计软件。用规划求解功能求解模型参数的原理是最小二乘法原理（Marquardt 原理），令计算机算出 $\sum$（观测值－拟合值）^{2} 最小时的模型参数。

1. 构建施肥效应函数 构建施肥效应函数，需先依据回归试验方法设计田间施肥试验。试验方法有二次回归正交设计、二次回归旋转设计、二次饱和 D-最优设计、"3414"

施肥试验等。下面以 2008 年吕秀珑发表的"3414"施肥试验结果（表 6 - 1），阐述如何解析施肥效应函数。

表 6 - 1　夏玉米"3414"施肥试验结果（千克/公顷）

处理号	施 N	施 P_2O_5	施 K_2O	平均产量
1	0	0	0	4 669.5
2	0	60	150	5 184.0
3	112.5	60	150	6 684.0
4	225	0	150	7 135.5
5	225	30	150	7 318.5
6	225	60	150	7 641.0
7	225	90	150	7 554.0
8	225	60	0	6 528.0
9	225	60	75	6 883.5
10	225	60	225	7 594.5
11	337.5	60	150	7 522.5
12	112.5	30	150	6 646.5
13	112.5	60	75	6 481.5
14	225	30	75	6 835.5

（1）创建模型回归工作表。"3414"试验的施肥效应函数模型如下。

$$y = y_0 + a_1 N + a_2 P + a_3 K + a_4 NP + a_5 NK + a_6 PK + a_7 N^2 + a_8 P^2 + a_9 K^2$$

式中，a_i（$i = 1, 2, 3, \cdots, 9$）为模型参数，N、P、K 分别为 N、P_2O_5、K_2O 施用量。

打开 Excel 工作表 sheet1，在 A1、B1、…、J1 单元格中分别输入模型参数标识 y_0、a_1、a_2、…、a_9，在 A2、B2、…、J2 单元格中分别输入 y_0 与 a_i（$i = 1, 2, 3, \cdots, 9$）的计算初值，本例令 $y_0 = 4\,500$，a_i 均等于 10（线性或二次函数，任意赋个实数即可）。

将试验结果拷贝或填写至 A4~E18 单元格（图 6 - 2）。

在 F5 单元格输入以下公式：

＝＄A＄2＋＄B＄2*B5＋＄C＄2*C5＋＄D＄2*D5＋＄E＄2*B5*C5＋＄F＄2*B5*D5 ＋＄G＄2*C5*D5＋＄H＄2*B5^2＋＄I＄2*C5^2＋＄J＄2*D5^2

拖动公式，一直拷贝至 F18 单元格。

在 G5 单元格输入以下公式：

＝(E5－F5)^2

拖动公式，一直拷贝至 G18 单元格。

在 G19 单元格输入求和公式：
＝SUM（G5：G18）

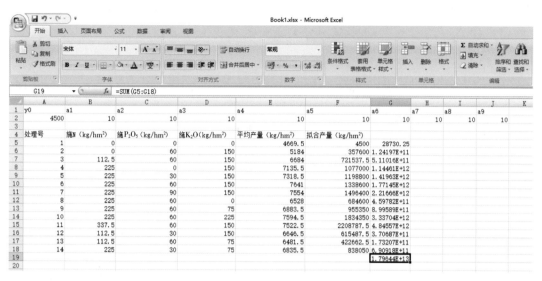

图 6-2　创建模型回归工作表

（2）计算施肥效应函数。点击"数据"菜单中规划求解，弹出规划求解参数设置窗口（图 6-3），目标单元格设为"＄G＄19"，"等于"选项中选择求最小值，可变单元格设为"＄A＄2：＄J＄2"。

图 6-3　设置规划求解参数

点击"求解"按钮，若弹出"规划求解"窗口显示"规划求解收敛于当前的解，可满足所有的约束"（图 6-4），选择"保存规划求解结果"选项，再点击"确定"按钮返回工作表 sheet1。此时单元格 A2～J2 中的值即为模型各项参数值（图 6-5）。本例中 $y_0＝4\,669.910\,5$，$a_1＝11.285\,9$，$a_2＝6.422\,1$，$a_3＝6.670\,1$，$a_4＝0.030\,1$，$a_5＝0.022\,8$，$a_6＝-0.041\,2$，$a_7＝-0.028\,4$，$a_8＝-0.026\,3$，$a_9＝-0.018\,0$。肥料效应函数模型为：

$$y＝4\,669.910\,5＋11.285\,9N＋6.422\,1P＋6.670\,1K＋0.030\,1NP＋0.022\,8NK$$
$$-0.041\,2PK-0.028\,4N^2-0.026\,3P^2-0.018\,0K^2$$

（6-1）

模型可用 Excel 中"相关分析"功能，对产量试验值（E 列）和模型拟合值（F 列）进行相关分析，以判定模型可靠性，本例 r＝0.99。

图 6-4　规划求解结果提示窗口

	y0	a1	a2	a3	a4	a5	a6	a7	a8	a9
	4669.91049	11.28592576	6.422075387	6.67011699	0.030093984	0.022802967	-0.04116134	-0.02842	-0.02626	-0.01804
处理号	施N(kg/hm²)	施P$_2$O$_5$(kg/hm²)	施K$_2$O(kg/hm²)	平均产量(kg/hm²)	拟合产量(kg/hm²)					
1	0	0	0	4669.5	4669.91049	0.168501702				
2	0	60	150	5184	5184.971328	0.943477676				
3	112.5	60	150	6684	6682.938517	1.12674721				
4	225	0	150	7135.5	7135.026162	0.224531954				
5	225	30	150	7318.5	7321.96439	12.0019976				
6	225	60	150	7641	7461.637859	32170.77752				
7	225	90	150	7554	7554.04656	0.002167841				
8	225	60	0	6528	6467.771862	3627.428549				
9	225	60	75	6883.5	7066.15477	33362.7649				
10	225	60	225	7594.5	7654.221131	3566.613514				
11	337.5	60	150	7522.5	7521.069356	2.04674175				
12	112.5	30	150	6646.5	6644.832243	2.781414415				
13	112.5	60	75	6481.5	6479.855463	2.70450167				
14	225	30	75	6835.5	6833.868285	2.662493453				
						72752.24706				

图 6-5　模型计算结果

2. 构建施肥效益函数及分析　假设玉米籽粒单价 1.8 元/千克，N 3.9 元/千克，P$_2$O$_5$ 6.0 元/千克，K$_2$O 6.0 元/千克，则肥料效益函数为：

$$RP=1.8\,(4\,669.910\,5+11.285\,9N+6.422\,1P+6.670\,1K+0.030\,1NP+0.022\,8NK$$
$$-0.041\,2PK-0.028\,4N^2-0.026\,3P^2-0.018\,0K^2)-(3.9N+6.0P+6.0K)$$

打开 Excel 工作表 sheet2，在 A1、B1、C1 单元格分别输入 N、P、K 三字母，在 A2、B2、C2 单元格分别输入数值 100（施肥量计算初值，输入任一大于 0 的值即可），在 A4 单元格输入公式（图 6-6）：

$$=1.8*(4\,669.901\,5+11.285\,9*A2+6.422\,1*B2+6.67*C2+0.030\,1*A2*B2$$
$$+0.022\,8*A2*C2-0.041\,2*B2*C2-0.028\,4*A2\hat{}2-0.026\,3*B2\hat{}2-0.018*C2\hat{}2)$$
$$-(3.9*A2+6*B2+6*C2)$$

启动规划求解命令，弹出规划求解参数设置窗口（图 6-7），目标单元格设为＄A＄4，"等于"选项选择求最大值，可变单元格设为＄A＄2：＄C＄2。考虑到施肥量不可能为负

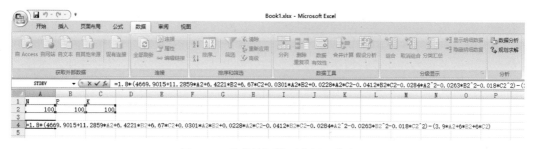

图 6-6　优化施肥模型分析工作表

值，点击约束条件"添加"按钮，弹出约束条件添加窗口（图 6-8），添加约束条件：
A2>=0，B2>=0，C2>=0；添加完后点击"确定"按钮，回到"规划求解参数"窗口，点击求解，若弹出"规划求解结果"窗口显示"规划求解收敛于当前的解，可满足所有的约束"，点击"确定"回到工作表 sheet2，则此时单元格 A2、B2、C2 中的值即为施肥效益最大化的优化方案，本例 $N=271.37$，$P=65.70$，$K=189.48$。

图 6-7　规划求解施肥优化方案　　　　图 6-8　添加计算约束条件

3. 说明

（1）如果施肥效应函数相关分析不显著或二次项系数有正值，说明试验结果误差大，函数模型不可用。一些已发表的资料，如果相关系数过高，试验值与拟合值过于接近，也是有问题的。

（2）用施肥效应函数即公式 6-1 结合规划求解，可得最高产量施肥方案。

（3）若对总施肥量和总施肥成本有限制，可在分析施肥效益函数时添加相应的约束条件。

（4）若需保证土壤养分平衡，可再添加约束条件，令养分施用量不小于损失量。单位产量养分带出量由产品中养分含量求得；不同地块、不同肥料品种、不同耕灌模式，养分淋失、氨化作用与反硝化作用致养分损失量不同，有参数可一并纳入约束条件。

五、了解产业政策和利用社会资源

国家每年都会在高标准粮田建设、高产创建、农机购机补贴、粮食直补、良种补贴等优惠政策及实施项目上投入大量资金，应积极争取这些优惠政策和项目补贴来降低生产成本，改善生产条件。在固定资产购置上，一定要根据经营规模确定投入，规模小的要充分利用好社会化服务，没有必要购置的农机设备就不要购置。资金充足的，购置的设备要充分利用，做好社会化服务来拓展利润增长点。

在积极争取优惠政策和项目补贴的同时，也要冷静分析它可能带来的问题。有的新型农业经营主体不考虑自身经营规模和条件，在补贴政策诱惑下，总希望将各种农作设备、产后加工设备等购置全，并且所有农作都想躬行，这是错误的。购置使用这些设备既需要占用资金和场地，也需要人手，扣除设备折旧、保养、雇工操作、场地占用等费用后，不一定比购买服务廉价。土地部分托管，不仅适用于传统的一家一户经营方式，更适用于规模化生产。

当前，不少种植结构调整项目多只注重通过补贴来促进某些作物扩大种植规模，很少考虑产品销售问题，要学会逆向思维，防止谷贱伤农。

第三节　玉米规模化种植技术要点

"简化高效、安全生产"是玉米规模化种植技术体系的核心，主要内容包括：选抗逆性好、宜机收品种的精品种子，精量播种免定苗，缓/控释肥一次基施免追肥，"零"天化学除草，高地隙机械田间管理，设施灌溉，机械化收获及有效抗逆减灾。

一、精准选种

笼统讲，选种应从丰产性、抗逆性、适应性和优质4个方面考虑。一个好品种应是丰产、多抗、广适和优质的集合。丰产是先决条件；多抗指品种要对有害生物、不良气候等自然逆境及各种人为的逆境有普遍抗性；广适指在一定区域内，对各种生产条件、年度间气候变化、种植习惯、农户间管理水平、收获方式等有广泛的适应性；优质一是指品种的种子质量要符合精播要求，二是指商品质量要符合食用或产后深加工需求。培育及审定新品种，产量多是硬指标，故而选种时，关注抗逆性与适应性，有时比关注产量更有意义。

（一）丰产品种应具备的特性

对夏玉米产量结构及部分性状与产量的关系的研究表明，亩粒数和经济系数与产量关系最为密切（表6-2），亩穗数又是最易人为调控的产量结构因子，直接影响亩粒数。因此，选丰产品种应重点关注耐密性和经济系数两指标。

表6-2　夏玉米部分性状与产量的相关系数

性状	亩穗数	穗粒数	亩粒数	千粒重	生物产量	经济系数
相关系数	0.760**	−0.434	0.831**	0.412	0.766**	0.840**

注：**表示在1%水平上显著相关，$r_{0.05}=0.444$，$r_{0.01}=0.561$。

1. 耐密性　高水肥地块选种耐密品种，既是高产的需要，也是安全生产的需要。耐密品种通常具有较高的丰产潜力、较大的密度适应范围及稳产性，不耐密品种一旦密植就可能出现结实不良和倒伏等问题。试验表明，适宜种植密度＜4 000株/亩的品种产量潜力多是有限的。自杂交种出现以来，玉米产量提高有赖于耐密品种的推广，而不耐密品种产量没有实质性增长。

品种耐密性应从两方面考虑，一是以穗粒数为代表的主要农艺性状相对于密度的变异系数要小，二是密植条件下抗逆性要强。耐密品种通常是株型紧凑品种，但紧凑型品种不一定耐密。一些植株高大，穗粒数在增密时降幅明显，甚至出现籽粒缺行，略加密种植后，抗倒力、抗病性、耐高温能力等就显著恶化的品种都不能算是耐密品种。矮秆品种耐密性和稳产性普遍较好，但单株产量低，丰产潜力多是有限的。中等株高的紧凑型耐密品种是比较适宜的。

2. 经济系数（或出籽率） 经济系数（收获指数）≥0.54的品种丰产性较好，至少要达到0.52。经济系数高，意味着品种有更多的光合产物转化为籽粒产量，此点对于生长期有限、不宜种植稀稀大穗晚熟品种的夏播区更重要。遗憾的是，大部分品种审定公告上没有经济系数这一参数，但有出籽率。多数品种出籽率与经济系数正相关，除了穗型很小的品种。果穗与出籽率相关的性状主要有3个，一是穗轴相对粗细，二是结实性，三是籽粒容重。籽长轴细、结实性好、不秃尖、籽粒容重高的，出籽率就高。理想品种出籽率应≥88％。出籽率和穗行数是玉米品种最不易受栽培因素影响的两个穗部性状，出籽率的高稳定性决定了出籽率低的品种不会有很高的产量潜力。郑单958在低密度种植情况下，出籽率可达90％以上。

（二）选抗逆性强的品种

品种综合抗逆性优良是安全生产的基础，虽然没有"零缺陷"品种，但选择的品种不能有致命缺陷。规模化生产中应重点关注品种抗倒、抗茎腐病、抗穗粒腐病和耐高温能力。

1. 选抗倒品种 倒伏是玉米走密植高产途径最大的障碍，也是规模化种植首先要防范的。大面积种植一旦发生倒伏、影响了机收，甚至中前期茎折、造成绝收，后果严重。选择的品种哪怕产量潜力低些，抗倒力也一定要强。浚单20是一个产量潜力优于郑单958而抗倒力差的品种，它就不适合规模化种植。先玉335、农华101等前期根系发育差，抽雄前遇暴风雨易根倒，大喇叭口至抽雄期易有暴风雨的地区就不宜种植。

2. 选抗腐霉茎腐品种 茎腐病不单造成减产，也易引起后期倒伏，影响机收。品种对禾谷镰孢菌抗性属品种审定抗性鉴定项目，高感一票否决，不会通过审定，选种时无须刻意关注，需关注的是对腐霉茎腐抗性。国内尚无好的抗腐霉菌的种质资源，各级（各地）品种审定部门也多未把腐霉抗性纳入高感一票否决项目，生产上因秸秆还田、麦玉连作等，腐霉茎腐发生又很普遍，因此，选种时一定要选对腐霉茎腐抗性相对较强的品种。黄改系列品种多中感或中高感腐霉茎腐，许多美系品种高感。包装袋上如果印有"注意防治茎腐病"的风险提示，袋内装的就应该是高感腐霉茎腐的品种。

3. 选耐高温品种 以先玉335为代表的大量美系不耐高温品种在黄淮海夏播区通过审定并推广，无疑是给粮食安全埋下了颗定时炸弹。这类品种通过审定的数量增加、种植面积比例扩大以及全球气候变暖，必将使玉米高温不实问题越发凸显。高温导致花粉、花药败育及结实不良的根源是品种具不耐高温缺陷，此缺陷对规模化生产而言是致命的。密

植加大不耐高温品种对高温的不良反应，增加结实不良和苞叶短小果穗比例；在晚播、密植条件下，不耐高温品种还会出现果穗不发育或发育迟缓、花期不遇、几乎全田空株的现象。传统黄改系品种在耐高温上普遍表现优异。

4. 选抗穗粒腐病品种　穗腐病、粒腐病高发的玉米籽粒不但商品价值低，还会因病原菌不同，含有玉米赤霉烯酮、脱氧雪腐镰刀菌烯醇、伏马毒素和曲霉毒素等多种对人畜有害的物质。高感穗粒腐病品种不仅收获前可能严重发病，规模化种植时，大批量收获的玉米穗（粒）堆放在一起，不能及时晾晒或烘干，也会加重穗粒腐病发生，使种植户蒙受损失。2017 年 7 月颁布的《玉米品种审定标准（国家级）》将穗腐病定为各产区自然发病与人工接种鉴定同时表现高感即否决的病害，但只鉴定禾谷镰孢菌，其他重要致病菌如拟轮枝镰孢、黄曲霉、木霉菌、青霉菌及蠕孢菌等未在抗性鉴定之列。之前有些高感品种通过审定，如豫单 606，给种植户带来了不小的损失。另外，易感蛀穗螟虫、苞叶包裹不严和生育期过长的品种也多易发穗粒腐病，少种为宜。

（三）因地制宜选品种

多抗、广适、无致命缺陷是一个"大品种"必备条件，但培育这样一个品种实在很难。一个品种即使再好，也有缺点及区域适应性。没有到哪里种植都能高产的品种，在甲地高产，在乙地就不一定表现优良，适宜才是最好的。蠡玉 16 就是一个出自河北，却在湖北等南方高温多雨地区广受欢迎的品种。该品种在河北因密植结实性、抗倒性较差，表现一般，在南方却很受欢迎，得益于其很好的抗病性。生长期、水肥条件、主要气象灾害、流行病虫害、种植制度、种植规模、种植习惯、收获方式等，都是考虑品种适应性时需关注的具体问题。要因地制宜选品种，抵制商家跨区销售。

1. 依据生长期选品种　以地理位置特殊、光温条件复杂的河北省为例。河北省既有冀西、冀北春播玉米区和冀中南玉麦两熟夏播玉米区，还有一年两熟与一熟混作区。夏玉米种植北界（长城一线）及玉米种植北界（张承接坝地区）两条线东西贯穿全省。中南部地区适合种植中早熟或中熟种，秦唐廊地区麦茬直播仅适合早熟种。秦唐廊地区、黑龙港低平原区、西部山地丘陵区及冬季休耕地，一年种一季玉米，晚春播或早夏播，光温资源相对充裕，可以选择晚熟种。春播区因纬度、海拔高度不同，积温和无霜期也不相同，由南至北亦需注意从晚熟种到极早熟种的合理布局。20 世纪末、21 世纪初，河北夏播区曾推广晚熟品种农大 108，一些饲料企业因使用了成熟度差、霉变严重的农大 108 籽粒做鸡饲料，发生了事故。规模化种植夏玉米，考虑到有可能晚播和收储问题，选用品种生育期应比当地生长期略短，且要籽粒脱水快。

当前，审定公告上给出的夏玉米品种生育期是个很不可靠的参数，与玉米生理成熟标准（乳线消失、黑层出现）基本无关。进入 21 世纪以来，将河北划为适宜种植区的夏播品种，没有一个在冬小麦适宜播期之前能正常成熟的，也没有一个收获时籽粒含水量可降至 25％以下、能够粒收的。推广面积最大的郑单 958 属中晚熟种，在石家庄一线，110 天都不能正常成熟。

2. 依据水肥条件选品种　水肥充足地块，可以选种耐密高产品种，通过合理密植获取丰厚回报。而干旱瘠薄地上，水肥对种植密度的承载力有限，应首选抗旱、耐瘠薄、稳产性好、无须密植的品种，喜水喜肥、需通过密植方能获得高产的中小穗型品种不宜种植。研究表明，玉米中后期耗水主要是由于叶片蒸腾，密植增大叶面积指数，显著提高耗水量。先玉 335 之所以在春播区广受欢迎，不单是因为其籽粒后期脱水快，也得益于其在抗旱耐瘠方面表现优异，毕竟春播区多为非灌溉农田。

3. 选对当地主要气象灾害有抗性的品种　随着全球气候变暖，高温致玉米不实的年份出现频次会越来越高，因此，夏播区一定选种耐高温品种。7 月中旬以前，多数年份降雨稀少，春播、晚春播或早夏播玉米，选种的品种最好中前期抗旱性优良。郑单 958、冀丰 223 苗期抗旱性一般，适合水浇地种植；冀玉 3421 和三北 21 等苗期抗旱性就相对较好。京广铁路河北段沿线的望都、行唐、新乐、正定、藁城、无极、栾城和赵县一带既是河北省夏玉米高产区，也是风灾频发区，类似区域选种，就需优先考虑抗倒性，且应合理密植。

4. 选对当地主要流行病虫害有抗性的品种　在种子包衣技术推广之前，春、夏播区用种有严格界限，春播区主栽品种普遍生育期较长，且必须抗丝黑穗病。现在，一些先审自夏播区的品种也在春播区扩审销售，这是因为杀菌剂包衣解决了丝黑穗病问题；未进行杀菌剂包衣、本应在夏播区销售的种子若"串货"至春播区销售是危险的。西北地区（包括河北西部山区）易重发大斑病，选用品种需对大斑病有较好抗性。北方春播区除了要选抗大斑病、小斑病品种外，还需关注对疯顶病、灰斑病、北方炭疽病等的抗性。弯孢叶斑病也是一种冷凉地区易发病害，北纬 38°以北种植感病品种，发病程度会明显加重。晚春播、早夏播和套种玉米苗期与小麦生育后期、蚜虫及灰飞虱迁飞高峰期重叠，易感病毒病，应选用不易感蚜虫和灰飞虱且抗耐病毒病的品种。秦皇岛、唐山两地是河北降水较充沛地区，易发瘤黑粉病，高感瘤黑粉病和苞叶包裹不严品种不宜在此区域种植。沧州市以北一些地方金龟子危害较重，也不宜选用苞叶包裹不严的品种。冀南及以南地区，气温相对较高，种植的品种要有较好的抗病性（锈病、各种叶斑病），尤其是黄河以南；纬度越低，南方锈病发病越重，高感品种不宜种植。邯郸以南地区种植有昌 7-2 血缘的品种，细菌性顶腐病重发频次高，常烂心较重；保定以北地区，细菌性顶腐病就不是问题。具体到一个地块，如果上年某种土传、种传病害较重，如丝黑穗病、疯顶病、根腐病、茎腐病等，来年选种时，就该选相应抗病品种，同时做好农艺和药剂预防。

5. 依据灌溉设施选品种　安装立杆式喷灌设备的地块，若喷头高度低，中后期灌水时，株高高于喷头，植株遮挡会使水的实际射程达不到设计射程而漏喷。因此，安装立杆式喷灌设备的地块，选用品种的株高要矮于喷头最大高度。喷头高度可达 350 厘米的地块才适合种植如先玉 335 那样植株高大的品种。

（四）选优质品种及其种子

1. 选质量优良种子　包装标识发芽率仅≥85%的种子不能用于精量播种。实施精播免定苗，种子发芽率应在 93%以上，最好≥95%，且发芽势也要高（≥85%）。发芽势与苗后生长整齐度关系密切，走密植高产途径，这个参数很重要。要选种子纯度好、清选质量高、多级分级（粒径均匀）的种子。无须担心多级分级分出来的小粒种子产量低，大粒种子、小粒种子分别种植，产量差异不显著；大小粒掺混种植，生长整齐度差，产量降低。一些种业公司，为了消化发芽率低的陈种子，将新陈种子掺混，以使发芽率达到可以销售的标准，这种种子发芽势低，难保精播全苗，出苗期常不一致，生长整齐度差。

GB 4404.1—2008《粮食作物种子 第 1 部分：禾谷类》将种子发芽率定为≥85％就可销售，给新陈种子掺混销售提供了可乘之机，而提高种子发芽率指标或给出发芽势指标，可在一定程度上杜绝此类事情发生。种子实际发芽率≥85％但未达到包装标识的，也为不合格种子。保证生产用种高质量，强化行政管理固然重要，但种业企业自律更重要，而自律恰恰是一些种业企业所欠缺的。

新种子活力高，发芽快，发芽势与发芽率基本接近。种子发芽率≥93％、发芽势≥85％方可销售，在种子加工、穗烘干技术已基本普及的当下，新种子达到上述指标并不困难。陈种子活力低，但发芽势达到 60％～70％（因品种、储存时间而异），发芽率一般就可达到 85％。

国家市场监督管理总局和国家标准化管理委员会 2020 年 10 月 11 日发布了 GB 4404.1—2008《粮食作物种子 第 1 部分：禾谷类》第 1 号修改单，将 GB 4404.1—2008 原版本中玉米单交种发芽率应≥85％的规定改为两项：大田用种（非单粒播种）发芽率应≥85％，大田用种（单粒播种）发芽率应≥93％。仍给出"大田用种（非单粒播种）发芽率≥85％"就可销售一项的目的耐人寻味：第一，生产上单粒播种机已经普及，非单粒播种机已基本淘汰；第二，非单粒播种的种子不能用于单粒播种，但用于单粒播种的种子却可以非单粒播种。

2. 选品质优良品种 玉米无论用于饲料加工，还是用作医药等工业原料，抑或食用，均是籽粒容重高、角质胚乳多的品种受欢迎。河北夏玉米多不能完熟收获，容重低的粉质胚乳品种基本没有市场。如有销路，也可选种甜糯等特用品种，以增加收入。鲜食甜糯玉米适收期很短，种植面积大时，必须根据收获、销售或加工能力分期播种，订单生产。20世纪 90 年代，国内曾兴起过高淀粉、高赖氨酸、高油玉米育种，但这类品种综合利用价值一般，也难以解决低产、易倒伏等问题，进入 21 世纪后，育种人多对此失去了兴趣。甜糯玉米发展迅速，市场前景广阔。

（五）如何获取正确的品种介绍信息

品种介绍信息主要来自三方面，一是品种审定公告，二是企业提供的包装说明及宣传材料，三是当地科研、农技部门的品比示范、生产试验结果及试种农户意见。品种审定公告是介绍品种的法规性文件，网上均可查到，其内容包括审定编号、品种名称、选育单位、品种来源、特征特性、产量表现、栽培技术要点和审定意见（适宜推广范围及生产注意事项）。包装说明和宣传材料上印的内容大部分与品种审定公告一致，但许多企业不会把抗性鉴定结果原封不动地印上，特别是缺点。《种子法》要求包装上要印有"风险提示"，但实际执行情况并不尽如人意，有的包装上基本不涉及品种抗逆缺陷，印的却是种子储藏注意事项等不太紧要的内容。如果真就抗逆缺陷给出了风险提示，意味着那个品种在某方面问题较突出。企业履行告知义务，不单是给用种者以警示，也是为了合理规避因品种缺陷而带来的责任。2016 年 1 月 1 日实施的新《种子法》，使得每年通过审定的品种数以百计，增加了人们选种时的迷茫以及种子经销商的困惑。购种者在决定购买新品种之前，最好查阅一下品种审定公告，咨询一下当地农业专家意见，要认识到新品种往往高价高风险。一个新品种在当地是否有稳定良好的表现，只有通过多年多点试种方可基本认知，"喜新厌旧"、频繁更换品种是不明智的。

二、精量播种免定苗

高播种质量，不单要一播全苗，重播率、漏播率低，还要落粒间距均匀，行距整齐，播种深度和出苗时间一致。显然，除了种子发芽势、发芽率外，播种机机手操作水平、播种机技术含量等均影响播种质量。

（一）选择播种机

理想的精量播种机应排种机构先进、单体仿形、作业效率高，附带灭茬碎土或清垄、施药、卫星定位、播种参数实时监控等功能。电脑控制、电机直驱、气动力排种的播种机具有播量精准、作业速度快、可避免地轮滑移造成漏播等优点。播种深浅不一是影响出苗期一致性的重要因素，单体同位仿形可有效防止耕地不平造成的播种深浅不一。据墨西哥玉米种植专家 E.Cruz 讲，一块地，从开始出苗至苗出全的时间，要在 36 小时之内（图 6-9），36 小时之后出的苗，难发育成正常株。卫星定位系统既可感知播种机

图 6-9　E.Cruz 指导播种的玉米田（摄于山西寿阳）

行进速度，控制电机直驱排种器转速，保证落粒间距，也可使作业智能化，自动保持行距整齐，利于对行机收，且降低播种机手劳动强度。排种器是播种机的核心部件，采用勺轮或指夹式等机械排种器的虽也可精播，但播种精度、允许最大作业速度不及气动方式。悬挂作业的小型机械，自重轻，不能安装灭茬切刀、依靠重力灭茬。国外大型播种机以气动力排种、拖曳式作业为主，作业质量、效率优于小型悬挂式播种机。

（二）播种作业要求

用技术含量低的播种机播种时要做到"一控、五调、四看"。

一控，即控制播种速度，勺轮式排种的播种机标定的作业速度通常≤4 千米/时，指夹式 5～7 千米/时，气动力式 8 千米/时左右。

五调，一是以种子粒径大小调好排种器，防重播、漏播，勺轮式、气吸式排种的播种机都需注意此点。二是以收割机割台行距调整好播种行距，保证对行收获；采用 4 行及 4 行以下的中小型收割机收获，播种行距与收割机割台行距允许有一定差异，割台行距 65～70 厘米的，播种行距以 60 厘米左右为宜；割台行距 50～60 厘米的，播种行距可缩小至 50～55 厘米；使用 5 行及 5 行以上的中大型收割机收获，播种行距要与收割机割台行距一致。三是以品种调好落粒间距，保证密度，落粒间距需根据品种适宜密度、种子发芽率、机具固有漏播率（一般以 5%～10%概算）等综合考虑；从安全生产角度出发，种粮大户应取品种适宜种植密度下限，切勿盲目加密种植，严防密植引发倒伏、茎腐病重发、结实不良等问题。四是以肥料养分含量调好施用量，保证效益，基施复混肥总养分含量高的（≥46%的）适当减量，不足 40%的加量，<30%的不宜施用。五是以施肥量调好种肥间距，保证安全，采用"基肥＋追肥"模式，种肥同播、基施专用复混肥 15～25 千克/亩时，播种耧与播肥耧的横向水平间距应保证在 5 厘米以上；用缓/控释肥一次基施、施

肥量达到 35 千克/亩以上时，播种耧与播肥耧的横向水平间距不得＜8 厘米。

四看，即使用无播种参数实时监控系统、技术含量低的小型播种机播种时，机后需跟人，随时查看播种状况：一看是否出现因地轮卡滞、链条脱落、种肥管堵塞等造成漏播；二看覆土情况，有个别露籽时可人工覆土，出现严重覆土不良时要停机检修，调整播种机悬挂或播种单体入土深浅，用无单体仿形的机具播种时，尤其要留意地势坑洼处种子入土情况；三是播段时间后检查种、肥箱中种子和肥料减少速度是否正常，不正常则播量有问题，及时调整或检修播种机；四是时刻观察有无壅土、壅残茬现象，有则随时清理。

传统的依靠播量保全苗，依靠人工间苗控制密度、保生长整齐度的方式，不符合简化高效的要求，但直到 21 世纪初才逐渐淡出了国内生产。先玉 335 引进后，因为其种子质量高，在带动播种技术由传统向精量转变上功不可没。而精量播种技术的普及，又促使种子生产加工技术和播种机技术含量有了明显进步。但要看到，无论是播种机技术含量，还是播种质量，都有很大的提升空间。

三、缓/控释肥一次基施

缓/控释肥一次基施可免去追肥及因追肥灌水而产生的人工费与动力费，是玉米轻简栽培与节水栽培的核心内容之一，在没有设施灌溉条件、不能水冲施肥或无追肥机械的地块上均应采用。与普通复混肥相比，缓/控释肥还有肥料利用率高、可减量施用等优点。有些着眼于高产的专家对缓/控释肥一次基施持不同观点，是采用缓/控释肥一次基施，还是采用"基肥＋追肥"模式，取决于在农民眼中哪个更适合自己。

（一）缓/控释肥的选择

1. 缓/控释肥类型　通常把在生物或化学作用下可缓慢分解的有机氮化合物称为缓释肥（Slow-release fertilizers，SRF），而对生物和化学作用不敏感的、通过包被材料以物理控释原理控制速效养分溶解度和释放速率的肥料称为控释肥（Controlled-release fertilizers，CRF）。1948 年，美国 K. G. Clart 等人合成的脲醛（UF）是世界上第一种缓释缩合脲醛肥料，20 世纪 60 年代末至 70 年代初，李庆逵主持开发的包膜长效碳酸氢铵是我国第一种控释肥料。在干旱和半干旱地区，缓/控释肥无论含有哪些营养元素，其缓释性都主要是针对氮素营养而言；易养分淋失地区，考虑钾养分的缓/控释才有意义。

控释肥料是以粒状的速效肥料（尿素、硝酸铵、氯化钾、硫酸钾等）为核心，外部涂裹上低水溶性有机、无机材料制成。无机涂裹材料有枸溶性的钙镁磷肥、磷酸镁铵、硫黄、硅酸盐、石膏、金属氧化物等，这类涂裹材料来源广，成本低，但控释效果较差；有机涂裹材料有聚烯烃类等有机聚合物、石蜡以及天然有机物，如橡胶、树脂和木质素等。控释肥料原理是利用外部包涂物质控制与阻碍水进入肥料核心，以及核心内养分溶液向外部释放。

化学型缓/控释肥是用化学方法直接合成或对尿素改性而得的，脲醛肥料就是用尿素和甲醛通过缩合法生产的有机微溶型氮肥，这种氮肥是不稳定的键合物，丁烯叉二脲（丁烯醛与尿素合成）、异丁烯叉二脲（异丁醛与尿素合成）也属于这种水溶解度很低的氮肥类型，它们施入土壤后可逐渐重新分解出尿素；草酰胺是以氢氰酸为底物化学合成的缓释肥，其养分缓释性取决于它加工颗粒的大小。

还有一类利用氮肥增效剂（硝化抑制剂、脲酶抑制剂）来延缓养分形态转化的生化抑制型肥料，这类肥料严格意义上不能称为缓/控释肥料，而被称作稳定性肥料。其原理是延缓尿素经土壤微生物作用向硝态氮、铵态氮的转化过程。常用添加物有 2-氯-6-三氯甲基吡啶、脒基硫脲、双氰胺和对苯二酚等，控释效果与增效剂添加量有关。

运用不同原理、材料和方法制成的缓/控释肥，其缓/控释效果各不相同，外包裹材料的涂裹厚度、肥料颗粒大小等也影响缓释效果。比较而言，包膜控释肥缓/控释效果较好。

2. 缓/控释肥的缺陷 目前我国生产的控释氮肥主要是硫包膜尿素（SCU）或聚烯烃包膜尿素，总产占缓/控释肥生产总量的 80% 以上。现有缓/控释肥主要缺点：一是成本高，如 SCU 单位氮出厂价比普通尿素高 50% 左右，UF 高 200% 以上，一些聚合物包膜复合肥料如美国 Scotts 公司的 Osmocote、日本窒素-旭化成株式会社的 Nutricote 价格都在每吨 2 万元上下，不适宜大田应用；二是多数只强调缓释、忽视促释，掌控的养分释放时间及在某个时段的释放速度与作物吸肥规律吻合性差，更难以做到养分供给与群体质量调控相结合，将采用不同原理制成的、养分释放时间和速率不等的缓/控释肥科学混配，是解决养分释放与作物吸收吻合性差的措施；三是缓/控释肥虽可降低养分本身对环境的影响，但有些品种的辅料有可能带来新的环境问题。

由于绝大部分养分都可一次基施（普通氮肥除外），因此，测土配方、平衡施肥主要还是通过施用基肥来实现的。也就是说，在选缓/控释肥时，要尽量选用养分全面的肥料，当然，施肥前也可自己掺入中、微量元素肥料。需注意的是，所谓玉米专用肥是指高氮、足钾、磷适量的复混肥，按亩施量 50 千克左右概算，含氮量不宜低于 26.6%。

（二）缓/控释肥施用注意事项

1. 防后期脱肥 GB/T 23348—2009《缓释肥料》和 HG/T 4215—2011《控释肥料》都仅将缓/控释养分最低含量合格标准限定在 ≥8%，也未对控释期达 60 天以上的养分含量做出强制规定。如果是仅含一种缓/控释养分（氮素养分）的产品，且在土壤肥沃的耕地上施用，问题不大。但如果缓/控释养分是两种（氮、钾）、合计含量只有 8%，且用在贫瘠或保水保肥力差的耕地上，后期难免脱肥。故而在贫瘠或保水保肥力差的耕地上，即便基施的是缓/控释肥，也应考虑适量追肥。

2. 留意缓/控释肥质量与缓/控释效果 当前市售的号称缓/控释肥的产品很多，不乏效果一般和炒作概念者，购买时需留心。生化抑制型和胶黏缓/控释肥的缓/控释效果不及包膜控释肥，但价格较低。为了尽量保证养分释放时间及在某个时段的释放量与作物吸肥规律相吻合，厂家生产控释复混肥时，会把染成不同颜色、养分释放时间和速率不同的原料掺混，因此，好的控释复混肥颗粒一般是多彩的（图 6-10）。

图 6-10 普通复混肥（左）、控释掺混肥（中）和 BB 肥（普通掺混肥料）（右）

GB/T 23348—2009 和 HG/T 4215—2011 仅规定了 28 天养分释放率要≤80%、≤75%，这个指标不高，主要是没有规定到作物后期时养分释放率。掺混控释效果≥60 天的聚氨酯包膜尿素的控释肥正常出厂价比一般的高 500 元/吨以上。一些价格低廉的控释肥，即便掺有包膜尿素，也不一定有控释效果达 60 天以上的成分，使用时需留意。

（三）缓/控释肥用量概算

北方干旱、半干旱农田采用缓/控释肥一次基施技术，若购买的不是根据当地测土配方数据生产的肥料，无论磷、钾含量多少，都应以控施氮含量（未标注的按 8%概算）与作物生长后期需氮量来计算施用量。亩产 600 千克左右的夏玉米全生育期一般需氮 12～15 千克/亩，后期吸收按 30%概算，需 3.6～4.5 千克/亩，若控释氮含量为 8%，则亩施 45～56 千克即可。春玉米生长期长、产量高，酌情增量。亩施 45～56 千克实物，如果施氮量达不到 12～15 千克/亩，即肥料标注氮素养分含量低于 26.6%的，需增加施用量。

四、"零天化除"技术

玉米简化栽培技术的形成得益于化学除草技术的成熟，使得毁茬播种、人工中耕除草于 20 世纪 80 年代末逐渐淡出了河北玉米生产。在封闭化学除草＋行间二次化学除草为主的年代（1995 年之前），河北省针对当时使用的除草剂及病虫害种类，在夏玉米上推广过"一封两杀"技术，即播种浇蒙头水后，喷施乙·莠合剂＋百草枯＋杀虫剂，封闭除草、杀灭大草及上茬遗留害虫，尤其是灰飞虱和蚜虫，防控病毒病。

用乙·莠合剂为代表的封闭型除草剂除草，难以实现全生育期一次化学除草，原因是雨季药膜破坏后就失去了控草作用，夏玉米还有麦秸遮蔽地表问题。这类药剂在夏玉米上需灌水后马上施药，不利于机械施药，土壤湿黏情况下只能人工作业。自烟嘧磺隆、硝磺草酮、苯唑草酮上市后，越来越多人倾向于苗后一次化学除草，但苗后化学除草，或轻或重的药害时有发生，机械施药还存在机械毁苗问题，加上施药"窗口"期短和杂草抗药性逐年增强，有可能导致控草失败（图 6-11），并不完全适宜规模化生产。

图 6-11　苗后化除失败地块

拜耳公司的"爱玉优"可"零天"机械施药，且全生育期一般只需化除一次，对施药时土壤墒情要求也不严，是个很适宜规模化生产的除草剂品种。在夏播区，以"爱玉优"为主线，选具种肥同播、清垄和施药功能的播种机（如 2BMQ-4）复式作业，在种肥同播的同时，喷施"爱玉优""零天化除"，加喷氯虫苯甲酰胺或溴氰虫酰胺防控二点委夜蛾、黑麦秆蝇等，加喷草铵膦等杀灭大草，简化高效。

对规模化生产而言，控草比防治病虫难度大，也显得更重要。规模化种植应以苗前化除为主，有两个原因，一是可简化农作环节，二是即便苗前化学除草效果不理想，苗后也有挽救的余地。以苗后化学除草为主，当效果不理想时，再指望用行间定向化学除草来补救，会大幅度增加用工及物化成本。还有就是当上茬作物（小麦、油菜等）机收落粒较多时仍苗后化学除草，上茬作物大量自生苗必影响玉米幼苗长势。总之，玉米除草，仅有两次机械施药机会，苗前与苗后，不应主动放弃第一次机会，寄希望于苗后化学除草。

"爱玉优"上市以来，"零天化除"效果反映不一，分析部分农户用药效果差的原因，一是兑水少。315克/升的"爱玉优"需亩施25毫升，春玉米及有机质高的黏土地需酌情加量；施药后能及时灌水地块，施药时兑水不得少于25千克/亩；播种前后降雨能保证出苗、不需再浇蒙头水地块，施药时兑水量应在40千克/亩以上。二是抗性禾本科杂草较多。以阔叶杂草为主的地块可直接施用，禾本科杂草、阔叶杂草混生地块加施精异丙甲草胺。有比"爱玉优"苗前除草更好的产品也可用。

五、高地隙机械田间管理

对于没有喷灌、微喷、滴灌等设施，不能实现水、肥、药一体化的玉米田，实现全程机械化管理，离不开高地隙机械。当前，玉米中后期病虫害防治不到位，全程机械化率未达100%，限制瓶颈就是缺乏这类田间管理机械。对于规模化生产而言，无论是病虫草防治，还是中耕、追肥等，利用高地隙机械田间作业，也是将农作措施及时落实到位，控制用工成本的重要一环。

理想的高地隙机械应后期能在玉米田行走，当然，施药时用飞行器也可。施药飞行器，以续航力强、下压风力大、自动规划施药飞行线路、自动避障的为佳。高地隙施药机械重心高，以四轮自走式最好，三轮的行进稳定性、安全性差（图6-12），作业效率较低，不推荐使用。

旱地采用基肥＋追肥模式生产，高地隙追肥机械不可或缺。机械追施固体肥料，需有开沟、覆土装置，结构复杂，动力消耗大，也不易将肥料施至根际周围。近年来，

图6-12　三轮自走式植保机械

液体肥料、水溶性肥料发展迅速，机械追肥更多地倾向于追施液态肥料，追肥时只要将肥料灌至根际周围即可。国外正在研发的变量追肥机是数字化农业的一个关键设备，就适合追施液态肥料。传统追肥撒施，讲究的是撒施均匀，而变量施肥机可自动探测逐株长势，弱株就多追些，健株就少追些，以保证群体生长整齐。

六、设施灌溉

对夏玉米规模化生产而言，灌水、除草、防倒伏是田间管理三大关，做好了这三件事，一定意义上说，丰收就有九成把握。灌水是规模化生产、无设施灌溉地块产生用工费的主要环节，完善灌溉设施，既是节水省工的需要，也是实现水、肥、药一体化及适时抗逆减灾的需要。以微喷为例，7.62厘米（3英寸）水泵浇20亩地，通常1人1天即可完

成；采用小畦灌溉（图6-13），1人需3天才能完成。利用设施灌溉可节水1/3、节工2/3。

设施灌溉方式有多种，如滴灌、微喷带喷灌、立杆式喷灌、卷盘式及自走式灌机喷灌等。其中，立杆式喷灌有埋入地下固定的，有地表可随时拆卸移动的；自走式灌机有平移式和旋转式两种，每种方式各有利弊。滴灌与微喷，一次性投入较低，但整地

图6-13 小畦灌溉

播种前、播种后都需要回收与铺设输水管、带，管、带在田间分布间距小，收、铺费工费时，管、带易因农作、动物咬啄及老化而损坏，使用年限短，出水孔易堵。固定立杆式喷灌，对田间机械作业有影响，输水管道需埋入地下，一次性投入较大；可拆卸移动的立杆式喷灌不影响田间机械作业，浇水后即可收回，一次性投入低于固定式，只是浇水时需人工来回搬运、拆装输水管道，管道铝制的耐用，搬运也轻巧；立杆式喷灌对喷头最大高度有要求，不得低于株高。卷盘式喷灌灌水时需在田间来回拖曳，若喷头车不是高地隙的，田间必须预设通道，土地利用率低，否则，玉米长高后就不能再用，也不适于地界过长的农田；输水管细，单位时间灌水量、灌溉面积都有限。大型自走旋转式灌机对地块平整度要求不严，有一定坡度（<30°）的耕地也可用，一次灌水可达500亩，但有4个死角浇不到水，死角需用其他方式灌水。自走式平移灌机无死角，单机覆盖面积视地界长度而定，但需在地中间建一输水渠，二次提水，且要求整个地块平整；若取消水渠、改为软管输水，则单机覆盖面积有限。

综上可见，种植规模大、地块集中且方正的，应使用自走式旋转灌机；经营规模不大、地块小或分散的，采用滴灌、可拆卸移动的立杆式喷灌均可。

七、机械化收获

玉米规模化种植、人工收获，用工成本及后续处理费用也是笔不小的开支，两熟区农时也不允许，必须机收。直接收粒尽管便捷（图6-14），但也要因地制宜。试验表明，粒收，籽粒破碎率、收获籽粒中杂质含量均与籽粒含水量呈正比。10月初在石家庄收获夏玉米时，那些所谓脱水快的品种籽粒含水量普遍在32%左右，直接收粒，破损率17%～21%，如此籽粒晾晒必大量霉变，需马上烘干。粒收，为减少破碎率，通常要求籽粒含水量在25%以下，若>25%、无烘干条件的只可收穗。在河北宁晋种植早熟品种

图6-14 机收粒

丰垦139，收获时籽粒含水量仍达25.5%，粒收破碎率11%。退一步讲，即便收获时籽粒含水量<25%，但通常不会<14%，收获的

籽粒也需晾晒或烘干后方可入库。燃油的烘干成本在 0.16 元/千克左右，燃气略低，用电更高，市场能否接受烘干所增加的成本，也需考虑。晾晒籽粒，场地是个问题，也远不及晒储果穗安全方便。在河北，除一年只种一季玉米的地方可以推广粒收外，夏玉米没有能够正常成熟、可以粒收的高产品种。

推广粒收，不是人为提高可粒收的籽粒含水量指标就可以解决面临问题的，有报道认为，粒收籽粒含水量<28％即可，这是一种误导。原则上讲，种粮大户尽量不自己存储玉米，自己储存、待价而沽，不一定获益更高，一是缘于储存玉米需场地设施，二是要雇工打理，三是玉米储存有伤耗，四是市场价格走势难以把握。扶植建设具有脱粒、烘干、储藏条件的专业粮食收储企业，让种粮大户将收获的产品直接售给收储企业，是解决种粮大户产后问题的最佳方式。

八、抗逆减灾

做好抗逆减灾是取得丰产及盈利的保障。玉米生产逆境主要来自四方面：气候逆境、生物逆境、土壤逆境与人为逆境。作为种粮大户应该杜绝出现技术操作失误及假冒伪劣农资所带来的人为逆境，同时加强农田基础设施建设，改善生产条件，培肥地力，力争将气候逆境与土壤逆境所造成的损失控制到最小范围。在生产中，无论选择品种，还是农艺措施运用，都应把稳产放在首位，综合采取品种抗逆、农艺抗逆、农化抗逆、设施抗逆等各种措施来做好抗逆减灾。

用租赁或转包方式流转到手的土地来从事规模化粮食生产，生产成本高，加上近年来人工费不断攀升，粮价低位徘徊，进一步加大了种粮大户经营风险。种粮大户应认识到经营主体身份的变化会给其经营方略及技术需求带来诸多新要求和新问题，不建立起有别于传统农民的经营理念与技术体系，就不能很好的应对这些新要求与新问题。只有把经营意识、防风险意识贯彻生产全过程，科学地决策生产活动，把成本控制作为盈利的根本，把简化高效、安全生产作为构建生产技术体系的出发点，不仅向先进的技术和农资流通环节要效益，也要向经营管理要效益，同时，利用好产业政策与社会化服务资源，这样才能成为合格的新型农业经营主体。

参 考 文 献

白由路，金继运，杨俐苹，2004. 我国土壤有效镁含量及分布状况与含镁肥料的应用前景研究 [J]. 土壤肥料 (2)：3-5.

卞云龙，邓德祥，1998. 雄性不育系在玉米制种上的应用 [J]. 玉米科学，6 (2)：14-17.

曹彩云，党红凯，郑春莲，等，2019. 刈割对玉米生长发育及产量的影响 [J]. 玉米科学 (4)：100-108.

车志平，田月娥，周骥，等，2017. 二甲戊灵和2，4-滴丁酯对5种作物种子萌发的影响 [J]. 贵州农业科学，45 (2)：31-35.

陈传永，王荣焕，赵久然，等，2014. 不同生育时期遮光对玉米籽粒灌浆特性及产量的影响 [J]. 作物学报，40 (9)：1650-1657.

陈立东，2006. 气吸式排种器性能参数设计及其对排种质量影响的试验研究 [D]. 大庆：黑龙江八一农垦大学.

陈素英，张喜英，胡春胜，等，2002. 秸秆覆盖对夏玉米生长过程及水分利用的影响 [J]. 干旱地区农业研究，20 (4)：55-57，66.

陈伟程，刘宗华，1991. 玉米不育胞质杂交种雄花育性恢复稳定性的研究 [J]. 河南农业大学学报，25 (3)：227-234.

陈晓娟，文成敬，2002. 四川省玉米穗腐病研究初报 [J]. 西南农业大学学报 (1)：21-23，25.

陈秀芬，周佩茹，王振忠，等，1985. 麦拟根蚜的生物学特性研究 [J]. 莱阳农学院学报 (2)：43-50.

陈岩，2010. 玉米品种抗旱筛选及不同基因型差异性分析 [D]. 北京：中国农业科学院研究生院.

程伟燕，邵志刚，王忠民，等，2014. Na$_2$CO$_3$ 对不同品种玉米种子的萌发及幼苗的影响 [J]. 内蒙古民族大学学报（自然科学版），29 (1)：34-36.

崔德杰，王维华，张坤普，1996. 有机肥料对土壤锌、铜、锰的影响 [J]. 莱阳农学院学报，13 (1)：15-18.

戴景瑞，谢友菊，1988. 玉米Y型雄性不育系的分组问题研究初报 [J]. 作物学报，14 (2)：110-116.

董慧芳，李增起，1980. 除草剂氟乐灵在玉米小麦上的应用 [J]. 中国农业科学 (3)：95.

董志平，姜京宇，董金皋，2011. 玉米病虫草害防治原色生态图谱 [M]. 北京：中国农业出版社.

董志平，姜京宇，王振营，等，2018. 二点委夜蛾 [M]. 北京：科学出版社.

高英，同延安，赵营，等，2007. 盐胁迫对玉米发芽和苗期生长的影响 [J]. 中国土壤与肥料 (2)：30-34.

郭建国，刘永刚，吕和平，等，2007. 几种药剂拌种后对玉米种子萌发和生长效应的初步研究 [J]. 种子，26 (10)：24-26.

郭靓，黎云祥，杨小宁，等，2008. 微量重金属元素对玉米生长影响的研究进展 [J]. 资源开发与市场，24 (7)：626-640.

郭智慧，董树亭，王空军，等，2008. 刈割对不同类型玉米再生分蘖及产量和品质的影响 [J]. 玉米科学 (3)：104-108.

何家泌，1993. 我国玉米主要病毒病及其研究概况 [J]. 中国农学通报，9 (6)：30-34.

侯玉虹，尹光华，刘作新，等，2007. 土壤含水量对玉米出苗率及苗期生长的影响 [J]. 安徽农学通报，13 (1)：70 - 73.

黄绍哲，2007. 我国草地螟（*Loxostege sticticalis* L.）周期性大发生的特征及原因探索 [D]. 武汉：华中农业大学.

黄学芳，刘化涛，黄明镜，等，2010. 密度对不同玉米品种产量形成和耗水量的影响 [J]. 安徽农学通报，16 (21)：59 - 61.

江佳富，2002. 中国叶蝉亚科系统分类研究 [D]. 合肥：安徽农业大学.

蒋德勤，陈林观，1987. 磷肥中三氯乙醛（酸）致害农作物的研究 [J]. 农业环境保护，6 (3)：14 - 17.

蒋华兰，1994. 农作物受大气二氧化硫污染的鉴别 [J]. 广西植保 (2)：39 - 40.

降志兵，陶洪斌，吴拓，等，2016. 高温对玉米花粉活力的影响 [J]. 中国农业大学学报，21 (3)：25 - 29.

李承绪，丁鼎治，等，1990. 河北土壤 [M]. 石家庄：河北科学技术出版社.

李从锋，2009. 我国玉米杂交种及其亲本更替过程中产量生理特性的演进 [D]. 泰安：山东农业大学.

李国良，2006. 重金属镉污染对玉米种子萌发及幼苗生长的影响 [J]. 国土与自然资源研究 (2)：91 - 92.

李国林，宋炜，毛俐，等，2011. 国内外几种主要排种器的特点 [J]. 农业科技与装备 (8)：70 - 71, 73.

李红，李庆朝，2007. 微咸水灌溉对小麦、玉米及土壤盐分的影响 [J]. 山东农业大学学报（自然科学版），38 (1)：72 - 74.

李洪良，2007. 农田污水灌溉的风险分析研究 [D]. 南京：河海大学.

李静雯，于毅，张安盛，等，2014. 山东省发现二点委夜蛾近似种——双委夜蛾 [J]. 植物保护 (6)：193 - 195.

李少坤，2010. 玉米抗逆减灾栽培 [M]. 北京：金盾出版社.

李文娟，2009. 钾素提高玉米（*Zea mays* L.）茎腐病抗性的营养与分子生理机制 [D]. 北京：中国农业科学院研究生院.

李香菊，王贵启，许网保，等，2003. 玉米及杂粮田杂草化学防除 [M]. 北京：化学工业出版社.

李秧秧，1993. 钾营养对玉米抗旱性的影响 [J]. 华北农学报，8 (4)：94 - 98.

李运朝，2004. 玉米自交系抗旱性鉴定指标体系研究 [D]. 保定：河北农业大学.

李争光，2010. 我国常用玉米自交系耐旱性鉴定、评价与改良研究 [D]. 石河子：石河子大学.

栗秋生，2016. 河北省夏玉米褐斑病的发病条件和防控技术研究 [D]. 保定：河北农业大学.

栗秋生，孔令晓，王连生，等，2008. 玉米种质资源对玉米褐斑病的初步抗性分析 [C] //中国植物保护学会. 中国植物保护学会 2008 年学术年会论文集. 北京：中国农业科学技术出版社.

廉秀丽，2001. 砖厂废气对玉米作物污染现状调查 [J]. 甘肃环境研究与监测，14 (2)：93.

梁哲军，陶洪斌，王璞，2009. 淹水解除后玉米幼苗形态及光合生理特征恢复 [J]. 生态学报，29 (7)：3977 - 3986.

廖庆喜，黄海东，吴福通，2006. 我国玉米精密播种机械化的现状与发展趋势 [J]. 农业装备技术，32 (1)：4 - 7.

林代福，彭丽娟，李明，等，2000. 玉米鼠耳病症状识别与发病因素调查 [J]. 山地农业生物学报，19 (4)：262 - 265.

刘淑云，董树亭，胡昌浩，2005. 玉米产量和品质与生态环境的关系 [J]. 作物学报，31 (5)：571 - 576.

刘顺会，王东升，2003. 玉米根蚜的发生与防治 [J]. 潍坊学院学报，3 (2)：14 - 15.

刘战东，肖俊夫，南纪琴，等，2010. 淹涝对夏玉米形态、产量及其构成因素的影响 [J]. 人民黄河，32

（12）：157 - 159.

吕秀珑，2008. 黑龙港流域夏玉米高产栽培技术的研究 [D]. 北京：中国农业科学院研究生院.

马冲，2005. 玉米 S 型胞质不育系应用潜力与增产效应研究 [D]. 泰安：山东农业大学.

马金慧，杨克泽，任宝仓，2016. 玉米细菌性病害研究概况 [J]. 大麦与谷类科学，33（4）：6 - 10.

马开升，1997. 大气氟化物对大蒜、玉米污染危害的研究 [J]. 环境监测管理与技术，9（5）：21 -
    22，30.

毛知耘，周则芳，1998. 论植物氯素营养与含氯化肥的施用 [J]. 化肥工业，25（3）：10 - 18.

钱金红，谢振翅，1994. 碳酸盐对土壤锌解吸影响的研究 [J]. 土壤学报，31（1）：105 - 108.

秦昌文，覃保荣，胡明钰，2002. 广西玉米铁甲虫发生为害规律及其防治技术应用 [J]. 广西植保，15
    （4）：19 - 22.

商丽威，王庆祥，王玉凤，等，2008. NaCl 和 Na_2SO_4 胁迫对玉米杂交种子萌发的影响 [J]. 杂粮作物，
    28（1）：20 - 22.

沈军，韩善收，唐单，等，2005. 玉米条纹矮缩病病害及其综合防治措施 [J]. 甘肃农业（1）：26.

石洁，王振营，2011. 玉米病虫害防治彩色图谱 [M]. 北京：中国农业出版社.

孙昌凤，2005. 种肥对玉米种子萌发与幼苗生长的影响及施用技术研究 [D]. 保定：河北农业大学.

孙宏勇，刘昌明，张喜英，等，2006. 不同行距对冬小麦麦田蒸发、蒸散和产量的影响 [J]. 农业工程
    学报，22（3）：22 - 26.

孙佳莹，2017. 玉米北方炭疽病菌（*Aureobasidium zeae*）生物学特性及 ATMT 遗传转化体系建立 [D].
    沈阳：沈阳农业大学.

孙士明，那晓雁，靳晓燕，等，2005. 不同形态玉米种子分级单粒播种性能试验研究 [J]. 农机化研究
    （7）：171 - 175.

孙世贤，戴俊英，顾慰连，1989. 氮、磷、钾对玉米倒伏及其产量的影响 [J]. 中国农业科学，22（3）：
    28 - 33.

孙振杰，张乃明，1994. 污水灌溉作物受害事故分析 [J]. 农业环境保护，13（3）：132 - 134，136.

谭文兰，1988. 磷肥中有毒物质——三氯乙醛（酸）危害农作物临界剂量的研究 [J]. 土壤通报（3）：
    130 - 133.

王冲，2012. 玉米茎腐病防治技术研究初探 [D]. 泰安：山东农业大学.

王纪华，王树安，赵冬梅，等，1996. 玉米籽粒发育的调控研究：Ⅰ. 不同基因型玉米籽粒发育特点及
    其生理生化基础 [J]. 中国农业科学，29（3）：33 - 40.

王健，蔡焕杰，康燕霞，等，2007. 夏玉米棵间土面蒸发与蒸发蒸腾比例研究 [J]. 农业工程学报，23
    （4）：17 - 22.

王进兴，2010. 不同水分的包衣玉米种子密封贮藏试验 [J]. 现代农业（1）：34.

王如芳，2012. 不同类型玉米品种分蘖规律及其调控的研究 [D]. 泰安：山东农业大学.

王守明，2017. 玉米红叶病的鉴定诊断及防治 [J]. 农业灾害研究，7（11 - 12）：20 - 21，50.

王晓娟，2012. 旱地有机培肥对土壤质量的影响及玉米生长的响应 [D]. 杨凌：西北农林科技大学.

王雅玲，2009. 低温胁迫下两种种衣剂对玉米幼苗生长影响及原因初探 [D]. 哈尔滨：东北农业大学.

王元仲，李冬梅，高云凤，等，2005. 河北省玉米主产区土壤重金属污染水平调查研究 [J]. 河北农业
    大学学报，28（6）：28 - 43.

吴晓儒，陈硕闻，杨玉红，等，2015. 木霉菌颗粒剂对玉米茎腐病防治的应用 [J]. 植物保护学报，42
    （6）：1030 - 1035.

席靖豪，2018. 黄淮海夏玉米穗腐病病原多样性分析及玉米新品种抗病性鉴定 [D]. 郑州：河南农业
    大学.

肖明纲，王晓鸣，2004. 玉米疯顶病在中国的发生现状与病害研究进展 [J]. 作物杂志（5）：41-44.

辛存岳，郭青云，魏有海，等，2006. 干旱地区农田浅耕对杂草控制及土壤水分、养分的影响 [J]. 中国农业科学，39（8）：1697-1702.

邢岩，耿贺利，2003. 除草剂药害图鉴 [M]. 北京：中国农业科学技术出版社.

薛昌颖，马志红，胡程达，2016. 近40a黄淮海地区夏玉米生长季干旱时空特征分析 [J]. 自然灾害学报，25（2）：1-14.

薛吉全，马国胜，路海东，等，2001. 密度对不同类型玉米源库关系及产量的调控 [J]. 西北植物学报，21（6）：1162-1168.

杨丽，颜丙新，张东兴，等，2016. 玉米精密播种技术研究进展 [J]. 农业机械学报，47（11）：38-48.

杨利华，郭丽敏，傅万鑫，等，1985. 钼对玉米吸收氮磷钾、子粒产量和品质及苗期生化指标的影响 [J]. 玉米科学，2002，10（2）：87-89.

杨利华，马瑞崑，2006. 植株田间分布均匀度的定义与计算 [J]. 玉米科学，14（增刊）：92-94，96.

杨利华，马瑞崑，秦玉忠，等，2005. 土壤保护耕作对怀来县玉米地沙化的阻滞效果 [J]. 河北农业科学，9（3）：52-54.

杨利华，张丽华，杨世丽，等，2007. 不同株高玉米品种部分群体质量指标对种植密度的反应 [J]. 华北农学报，22（6）：139-146.

杨利华，张丽华，张全国，等，2006. 种植样式对高密度夏玉米产量和株高整齐度的影响 [J]. 玉米科学，14（6）：122-124.

于康珂，刘源，李亚明，等，2016. 玉米花期耐高温品种的筛选与综合评价 [J]. 玉米科学，24（2）：62-71.

于勇谋，王强，赵中华，等，2017. 近年我国黏虫发生为害原因分析及监测防治对策 [J]. 中国植保导刊（12）：63-65.

曾木祥，王蓉芳，彭世琪，等，2002. 我国主要农区秸秆还田试验总结 [J]. 土壤通报，33（5）：336-339.

张彬，刘怀，王进军，等，2008. 甜菜夜蛾研究进展 [J]. 中国农学通报，24（10）：427-433.

张超，战斌慧，周雪平，2017. 我国玉米病毒病分布及危害 [J]. 植物保护，43（1）：1-8.

张海艳，赵延明，2010. 盐分对普通玉米种子发芽和幼苗生长的影响 [J]. 中国种业（4）：45-47.

张吉旺，2005. 光温胁迫对玉米产量和品质及其生理特性的影响 [D]. 泰安：山东农业大学.

张吉旺，董树亭，王空军，等，2007. 大田遮荫对夏玉米光合特性的影响 [J]. 作物学报，33（2）：216-222.

张吉祥，汪有科，员学锋，等，2007. 不同麦秆覆盖量对夏玉米耗水量和生理性状的影响 [J]. 灌溉排水学报，26（3）：69-71.

张丽华，杨利华，马瑞昆，等，2006. 铁茬高产夏玉米品种产量和植株性状间关系分析 [J]. 中国农学通报，22（8）：191-194.

张民，2007. 缓控释肥料的有关概念和发展前景 [J]. 中国农资（11）：30-31.

张崎峰，2014. 浅谈玉米北方炭疽病 [J]. 中国西部科技，13（1）：49-50.

张若萍，吕爱英，毛书义，等，1985. 夏玉米对磷肥中三氯乙醛（酸）耐性的研究 [J]. 河南科技（9）：15-17.

张书敏，2006. 河北省东亚飞蝗发生与治理 [M]. 北京：中国农业出版社.

张小利，王晓鸣，何月秋，2009. 玉米细菌性叶斑病——上升中的玉米病害 [J]. 植物保护，35（6）：114-118.

张永科，孙茂，张雪君，等，2006. 玉米密植和营养改良之研究：Ⅱ. 行距对玉米产量和营养的效应

［J］. 玉米科学，14 (2)：108－111.

张玉铭，胡春胜，毛任钊，等，2003，华北太行山前平原农田生态系统中氮、磷、钾循环与平衡研究
　　［J］. 应用生态学报，14 (11)：1863－1867.

张玉琼，张鹤英，1999. 锌营养对淹水玉米抗性的影响［J］. 安徽农学通报，5 (3)：19－21.

赵同科，张国印，马丽敏，等，2001. 河北省土壤硫含量、形态与分布［J］. 植物营养与肥料学报，7
　　(2)：178－182.

郑慧敏，2009. 不同密度对夏玉米雌雄穗发育和产量影响的研究［D］. 郑州：河南农业大学.

郑雅楠，王晓鸣，吕国忠，2006. 玉米细菌性病害及其防治策略［J］. 作物杂志 (1)：62－65.

钟世宜，2013. 三个玉米叶色突变体的鉴定和遗传分析［D］. 泰安：山东农业大学.

邹佳，2009. 玉米 C 型细胞质雄性不育系生理生化特性的研究［D］. 长沙：湖南农业大学.

LAUER J G，RANKIN M，et al.，2004. Corn response to within row plant spacing variation［J］. Agron-
　　omy Journal，96 (9－10)：1464－1468.

MENGEL K，KIRKBY E A，1987. 植物营养原理［M］. 张宜春，刘同仇，谢振翅，等译. 北京：农业
　　出版社.